니스
197 퀘벡
햄트램크 217
콜마 114
144 라스베이거스
181 워싱턴디시
세프샤우엔
92 마이애미
63 호놀룰루
아비장
34 키토
166 마추픽추
38 라링코나다
82 안토파가스타
139 마르델플라타
55 푸에르토윌리엄스

한눈에 보는 도시 대 도시

* 위 지명 옆의 숫자는 해당 본문(상세 지도)의 쪽번호입니다.

도시 대 도시!
맞짱 세계지리 수업

도시 대 도시! 맞짱 세계지리 수업

지리 쌤과 함께 떠나는 별별 도시 여행

조지욱 지음
송진욱 그림

주니어태학

머리말

달라도 너무 다른 두 도시 이야기

누구나 한 번쯤 이런 생각을 하지 않을까요? 내가 사는 도시의 지구 반대편 도시에는 누가 살까. 더운 지방일까, 추운 지방일까. 높은 산악 지대일까, 바닷가일까. 그곳은 지구 중심을 향해 땅을 뚫고 들어가면 다시 땅 밖으로 튀어나오는 곳일 텐데, 내가 갑자기 땅속에서 솟아오른다면 그곳 사람들이 얼마나 놀랄까!

또 이런 생각을 하는 사람도 많을 것 같습니다. 세상에서 가장 높은 도시와 가장 낮은 도시에 사는 사람은 어떤 모습으로 살아갈까? 세상에서 가장 더운 도시와 가장 추운 도시, 사람이 살 만한 도시와 살기 힘든 도시 등등 뭔가가 완전히 반대되는 두 도시에는 어떤 사람들이 살까? 저 역시 그런 생각을 해 보던 학생이었고, 커서는 지리학을 전공한 교사가 되었습니다.

지금으로부터 약 5년 전쯤 MBC 라디오 프로그램 작가님한테서 전화가 왔습니다. 제가 쓴 책을 재미있게 읽었다며, 두 도시를 비교하는 방식으로 지리를 배우는 코너를 꾸리고 싶은데 내가 그 자리를 채워 줬으면 좋겠다는 말씀이었습니다. 난 사람들 앞에 나서는 방송은 체질에 안 맞는다고 생각했기에 금방 용기가 나지 않았습니다. 하지만 얼굴은 안 나오고 말만 하면 되는 라디오니까, 경험 삼아 한번 해 보는 것도 괜찮겠다는 생각이 들었습니다. 결국 MBC 라디오 〈그건 이렇습니다〉라는 프로그램에서 "두 도시 이야기" 코너를 운영하게 되었습니다.

경험도 없는 내가, 그것도 생방송으로 진행하려니 준비를 철저히 해야만 했습니다. 그런데 일주일에 한 편씩 약 10분 길이로 "두 도시 이야기"를 엮어 가는 데는 생각보다 큰 어려움이 있었습니다.

가장 큰 문제는 시간 부족이었습니다. 원고를 쓸 시간도 부족했지만, 10분이라는 시간은 하고 싶은 말의 반의반도 할 수 없는 시간이었습니다. 이렇게 말하면 짧으니까 더 쉽지 않겠느냐는 생각이 들 수도 있지만, 짧기 때문에 오히려 더욱 알찬 내용으로 채워야 했습니다.

자료를 충분히 찾고, 원고를 쓰고, 작가님들과 다시 원고를 조

정했습니다. 학교에서 수업과 밀린 업무를 하면서 틈틈이 원고를 쓰고 또 방송 연습까지 하느라, 처음 생각한 것보다 어려움이 컸습니다. 그래도 방송은 재미있었습니다. 내가 잘해서가 아니라, 방송이라는 것 자체가 재미있었습니다. 하지만 방송 준비에 워낙 품이 많이 들었기 때문에, 여섯 달 정도만 하고 그만해야겠다고 마음먹었습니다.

그런데 예상하지 못한 일이 생겼습니다. 거동이 불편하신 어머니께서 라디오에 아들 목소리가 나오는 것을 신기하게 여기며 무척 좋아하셨습니다. 어머니가 그렇게나 좋아하시며 반복해서 듣고 또 듣는 모습을 보고, 좀 더 해야겠다고 생각을 고쳐먹었습니다. 그때부터 제게는 그 일이 효도(?) 방송이 되었습니다. 그렇게 1년 반 정도 방송을 이어 나갔습니다.

그때 쓴 원고를 보면 아쉽고 부족한 마음에 부끄럽기도 합니다. 하지만 1년 반 동안 애쓴 것이어서 언젠가는 책으로 내고 싶었습니다. 그러던 중에 감사하게도 주니어태학에서 출간할 수 있게 되었습니다. 그런데 충분한 시간을 두고 한 권의 책으로 엮으려니 10분 분량의 방송용 원고로는 턱없이 부족했습니다.

처음에는 기존에 써둔 원고에 조금만 더 보태면 되겠지 싶었지만 그건 착각이었습니다. 기획도 책이라는 매체에 맞게 새로 탄탄하게 짜야 했고, 그러면서 새로운 주제를 많이 추가하고 많은 내용을 빼기도 했습니다. 과거에 해 놓았던 것은 코끼리의 코만 그린 정도에 불과했고, 몸통과 다리, 꼬리, 귀에 해당하는 많은 양의 원고를 새로 써야 했습니다. 그렇게 시간을 들여 쓴 원고가 책으로 나온 걸 보니, 이걸로 다시 방송을 하면 좋겠다는 생각도 듭니다. 이제는 더 잘할 수 있을 것 같네요.

마지막으로, 책이 나오기까지 최선을 다해 주신 주니어태학 편집부에 진심으로 감사드립니다. 그리고 재미있는 일러스트를 그려 주신 송진욱 작가님께도 감사드립니다.

조지욱

차례

1부 자연지리

이민자

3부 **지리의 꿈, 힘, 상상**

01

자연 지리

가장 추운 도시
오이먀콘
(러시아)
-50℃
가장 더운 도시
바스라
(이라크)
가난 반대
차별 반대
50℃

영하 71도에서 영상 58도까지, 여기 사람이 살아요

오이먀콘

북극보다 추운 혹한 체험 도시

러시아 동부의 자치 공화국 사하에 있는 오이먀콘(Oymyakon)은 세계에서 가장 추운 곳으로 유명하다. 인구 500여 명이 사는 작은 도시지만, 극한의 추위를 체험해 보고 싶은 관광객들이 세계 곳곳에서 찾아온다. 그런데 다른 유명 관광지와 달리 편리하게 이용할 수 있는 대중교통이 거의 없다. 그래서 오이먀콘에 가고 싶다면 수도인 야쿠츠크에서 택시를 타고 17시간을 가야 한다. 차비가 우리 돈으로 약 18만 원이나 든다.

무엇이든 꽁꽁 얼어 버릴 정도로 추운 곳이지만, 오이먀콘이

라는 이름은 '얼지 않는 물'이라는 뜻이다. 왜 이런 이름이 붙었을까? 이곳에는 겨울에도 얼지 않는 온천이 있기 때문이다. 원래 오이먀콘은 바이칼 호수 주변에 살았던 야쿠트족이 순록 떼를 몰고 가다가 물을 먹이며 쉬어 가는 곳이었다. 그러다 이곳에 마을이 생긴 것은 1917년 러시아 혁명으로 세상이 혼란스러울 때 야쿠트족 일부가 이곳으로 숨어들면서부터다.

오이먀콘은 1926년 1월에 영하 71.2도를 기록해, 지구상에서 인간이 사는 가장 추운 곳이 되었다. 인간이 살지 않는 지역까지 포함한다면 지구의 가장 추운 곳은 일본의 남극기지 '돔 후지'가 있는 산의 3,779미터 지점으로, 영하 91.2도까지 내려간 적이 있다. 영하 90도를 넘으면 폐 속까지 얼어붙어 사람이 살 수 없다고 하니, 오이먀콘의 기록은 쉽게 깨지지 않을 것 같다.

오이먀콘은 북극점에서 남쪽으로 3,000킬로미터나 떨어져 있지만 북극점보다 더 춥다. 그 이유는 위도, 해발고도, 지형, 그리고 바다보다 빨리 데워지고 빨리 식는 육지의 성질 때문이다.

우선 오이먀콘은 북위 63도에 위치해 있기 때문에 겨울에는 하루 중에 20시간이 밤이다. 또 해발고도 약 700미터에 위치해서 평지보다 4도 정도 기온이 낮다. 지표면에서 100미터 올라갈 때마다 기온은 약 0.6도씩 떨어지기 때문이다. 게다가 오이먀콘은 높은 산으로 둘러싸인 분지 지형이다. 그래서 북쪽에서 내려온 차가운 공기가 빠져나가지 못하고 쌓여서 더욱 추운 땅이 된다. 그리고 오이먀콘은 세계에서 가장 큰 대륙인 아시아 동쪽의 내륙 깊숙이 자리 잡고 있다. 육지는 바다보다 빨리 데워지고 빨리 차가워지는 성질이 있는데, 오이먀콘은 그런 육지의 특성이 강하게 나타나는 곳이다.

이런 특성 탓에 오이먀콘의 여름은 생각 외로 덥다. 여기서는 기온이 섭씨 22도면 폭염 주의보를 내리고, 26도가 넘으면 폭염 경보를 내린다. 이때는 하나뿐인 학교도 쉰다. 그리고 기온이 29도가 넘으면 바깥출입이 전면 통제된다. 1998년에 7월 최고 기온이 38도까지 올라간 기록이 있다.

오이먀콘의 1월 평균 기온은 영하 51도다. 영하 52도가 되면

가장 추운 곳에 사는 야쿠티안 말

역시 학교가 문을 닫는다. 영하 51도면 얼마나 추울까? 영하 51도에서 얼음낚시를 하면 물고기가 물 위로 올라오자마자 동태처럼 얼어 버린다. 그래서 이곳에서는 소에게 두꺼운 가죽 옷을 입히고, 외양간 벽에도 소똥을 두껍게 발라서 추위를 막는다. 또 어떤 차는 배터리 전력이 나갈까 봐 하루 종일 시동을 켜 놓기도 한다. 그리고 사람이 죽으면 묻기 위해 땅을 파야 하는데, 겨울철에 돌보다 더 단단해진 땅은 곡괭이나 삽은 물론 굴착기도 아무 소용이 없다. 그래서 생각해 낸 방법이, 나무나 석탄으로 불을 피워 언 땅을 녹이면서 조금씩 땅을 파 내려 가는 것이다. 관을 묻을 만큼 충분히 깊게 파는 데 꼬박 사흘이 걸리기도 한다. 오이먀콘 사람들은 영하 2도만 돼도 덥다고 반팔을 입고 다니며 아이스크림을 먹는다. 인간의 환경 적응력을 잘 보여 주는 도시라고 할 수 있다.

세상에는 무한도전을 하는 사람들이 많은데 오이먀콘에도 그런 사람들이 모여든다. 가장 추운 1월에 마라톤 대회가 열리기 때문이다. 여기에는 러시아 사람들뿐만 아니라 세계 각지에서 참가한다. 2022년에도 미국, 벨라루스, 아랍에미리트(UAE) 등 세계 여러 나라에서 65명의 선수가 참가했다. 경기는 42.195킬로미터를 달리는 풀코스와 그 절반을 뛰는 하프코스로 나뉘어 진행되는데, 우승자에게는 150만 원 정도의 상금을 준다. 참가 선수들의 표정을 보면 하나같이 미소가 넘친다. 꼭 일등을 해야겠다는 긴장감은 별로 보이지 않는다. 명예나 상금보다 세계에서 가장 추운 마라톤

코스를 완주하고 싶어서 온 선수들이기 때문이다.

바스라
신드바드의 도시는 낮 기온이 무려 50도!

이라크 남부의 항구 도시 바스라(Basra)는 세계에서 가장 더운 도시다. 2019년 여름 바스라의 낮 최고 기온은 50도를 기록했다. 아무리 더운 곳이라지만 이쯤 되면 바스라도 임시 공휴일을 선포한다. 국토 대부분이 건조 기후에 속하는 이라크는 북쪽의 산악 지역을 빼면 여름에 40도가 넘는 불볕더위가 이어진다. 그중에서도 바스라는 1921년에 58도까지 오른 적이 있어서, 사람이 사는 곳 가운데 가장 더운 도시로 기록되었다.

기온이 50도에 이르면 어떤 일이 벌어질까? 땅에서 올라오는 열기 때문에 사람이 길에 5분도 서 있기 힘들다. 또 철길이 휘어져 기차가 못 다니거나 아주 천천히 운행한다. 게다가 지나치게 건조하기 때문에 시체가 잘 썩지 않아 그대로 미라가 되기도 한다. 바스라는 1년 동안 내리는 비나 눈의 양보다 수증기로 증발하는 양이 훨씬 많다. 연 강수량이 약 150밀리미터에 불과하다. 보통 연 강수량이 250밀리미터에 못 미치면 사막 기후에 속한다.

바스라는 사막을 만드는 아열대 고압대 주변에 위치하기 때문

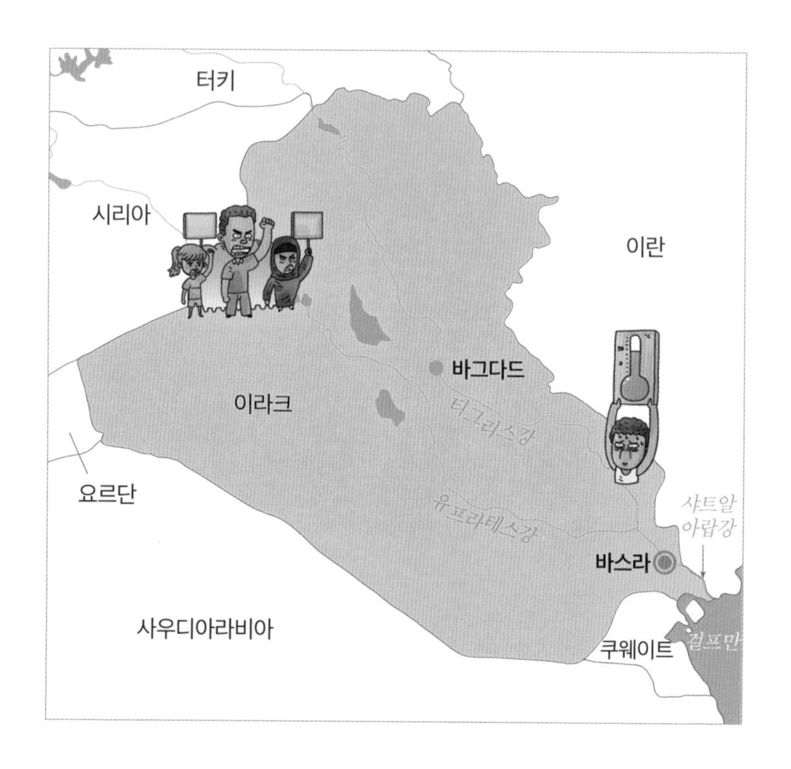

에 매우 건조하고 뜨겁다. 아열대 고압대란, 적도에서 데워져 상승한 공기가 북반구와 남반구의 고위도로 이동하다가 하강하는 곳이다. 공기는 땅에서 하늘로 올라갈수록 차갑고 습해지고, 반대로 하늘에서 땅으로 내려오면 뜨겁고 건조해진다. 이런 원리에 따라 아열대 고압대에서는 사막이 발달하는 경우가 많다. 세계에서 가장 큰 사하라 사막과 아라비아반도의 여러 사막들, 그리고 오스트레일리아의 그레이트샌디 사막과 그레이트빅토리아 사막 등이 아열대 고압대에서 만들어졌다.

한편, 바스라는 유프라테스강과 티그리스강이 만나서 흐르는 샤트알아랍강가에 위치한다. 이곳 항구에서 출발해 페르시아만으로 나가는 물길 덕분에 중세에는 '중동의 베니스'로 불릴 만큼 번창했다. 또한 바스라는 《아라비안 나이트》에 나오는 신드바드 이야기의 배경이기도 하다. 신드바드는 부자 아버지 덕택에 사치를 부리며 방탕하게 살았는데, 어느 날 정신을 차리고 보니 재산이 거의 바닥나 있었다. 신드바드는 남은 재산을 긁어모아 장삿배와 상품을 산 뒤 인도와 중국을 상대로 무역을 해서 다시 부자가 되었다. 신드바드는 무려 일곱 번이나 페르시아해를 거쳐 인도양으로 장삿길을 나섰는데, 이때 신드바드의 배가 출항한 곳이 바로 바스라였다.

바스라는 사막에 위치하면서도 이라크의 곡창 지대다. 밀, 보리, 쌀, 옥수수, 귀리 등과 오아시스에서 나는 품질 좋은 대추야자를 재배한다. 게다가 바스라는 이라크 전체 원유 매장량의 59퍼센트를 가진 최대 유전 도시이기도 하다.

하지만 바스라는 가난하다. 많은 시민들이 어두운 흙집에서 하루 몇 시간만 공급되는 전기로 생활한다. 그러니 살인적인 더위를 피해 강물로 뛰어들거나 에어컨이 없는 집 안에서 더위를 견딘다. 그뿐 아니라 식수가 제대로 공급되지 않아 오염된 물을 마시고 병원 신세를 지는 사람이 수만 명에 이른다. 그래서 해마다 여름이면 정부에 대책을 요구하는 시위가 그치지 않는다.

바스라의 한 이슬람 사원

바스라가 이처럼 살기 힘든 도시가 된 데는 몇 가지 이유가 있다. 이슬람교도는 보통 '시아파'와 '수니파'로 나뉘는데, 둘 사이가 매우 적대적이다. 이라크는 국민 다수가 시아파지만 국가 권력은 소수의 수니파가 장악하고 있는 특이한 나라다. 그래서 시아파 국민은 정부로부터 차별을 받아 왔다. 그런데 시아파가 많이 사는 도시가 바로 바스라이며, 바스라를 포함한 이라크 남부가 전국에서 가장 빈곤한 지역이다.

바스라가 가난한 또 하나의 원인은 미국과의 전쟁이다. 2003년 이라크전쟁, 2014년 아이에스(IS) 격퇴전을 거치면서 도시의 기반 시설이 대부분 파괴됐다. 지금도 종종 폭탄 테러가 일어나 시민들의 삶이 위협받고 있다. 바스라가 다시 살기 좋고 풍요로운 항구 도시로 거듭나기 위해서는 더위와 정치 갈등, 이 두 가지 과제를 해결해야만 한다.

적도에서도
안 더운 도시
키토
(에콰도르)
아~ 시원해~
적도 위의
더운 도시
싱가포르
(싱가포르)
적 도

똑같은
'적도의 땅'
이지만

싱가포르
잘사는 나라지만 더위가 고민이야

'적도'에서 '적'은 붉다는 뜻인데, 고대 중국에서 적도를 지도에 그릴 때 빨간색 선으로 표현한 것에서 유래한다. 적도의 위도는 0도 선으로 그 북쪽은 지구의 북반구, 남쪽은 남반구다. 이론적으로 적도에서는 낮과 밤의 길이가 각각 12시간으로 같아야 하지만, 실제로는 대기권이 태양광을 굴절시키기 때문에 계절에 따라 2~3분 정도 차이가 난다.

싱가포르(Singapore)는 북위 1도 선에 위치하니 거의 적도에 있는 셈이다. 인구는 약 600만 명 정도이며, 싱가포르라는 도시 하나

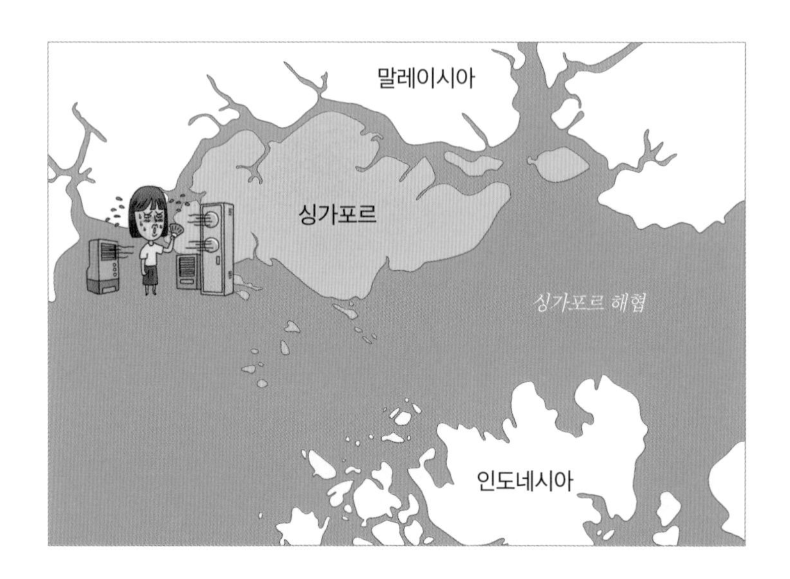

가 동시에 국가다. 싱가포르의 면적은 1960년대에 약 580제곱킬로미터였는데, 그 후 간척 사업으로 땅을 계속 넓혀서 지금은 720제곱킬로미터가 되었다. 서울보다 조금 더 넓다고 보면 된다. 싱가포르의 영토는 여전히 확장하는 중이며, 2030년까지 100제곱킬로미터를 더 넓힐 계획이라고 한다.

싱가포르는 동남아시아에서 가장 부자 도시다. 1인당 연소득이 6만 달러로 세계 최상위권이다. 런던, 뉴욕, 도쿄와 함께 세계적인 금융 중심지이며 아시아를 대표하는 무역 중심지다. 싱가포르에는 100개가 넘는 은행이 있는데, 대부분이 외국계 은행으로 아시아에서 달러의 가치를 좌우한다. 또 세계 물동량의 25퍼센트가 모이는 믈라카 해협에 위치한 싱가포르는 세계에서 가장 붐비는 항구 중 하나이며, 세계에서 세 번째로 큰 정유 시설을 갖추고 있다. 또한 매년 1,000만 명이 방문하는 관광 대국이기도 하다.

하지만 아무리 부자라도 더운 건 어쩔 수 없다. 적도 주변 지역은 햇빛을 많이 받기 때문에 일 년 내내 덥고 비도 많이 온다. 싱가포르도 연평균 기온 30도를 넘나드는 무더운 열대우림 기후를 나타낸다. 매년 약 2,300밀리미터 이상의 비가 내리고, 거의 매일 스콜이 나타난다. 스콜은 오후가 되면 하늘이 시커먼 먹구름으로 채워지면서 요란한 천둥소리와 함께 30분에서 2시간가량 이어지는 비바람 현상이다.

싱가포르는 도시를 시원하게 하려고 늘 고민한다. 도심은 열섬 현상 탓에 주변보다 4~7도까지 더 기온이 올라간다. 그 대책으로 싱가포르는 지난 수십 년 동안 공원을 많이 조성했다. 공원의 무성한 나무 덕분에 도심 온도를 1~2도 낮출 수 있었다. 또한 가로수를 앞으로 100만 그루 더 심는다는 계획이다. 하지만 무작정 나무를 많이 심는다고 해결될 일이 아니다. 나무가 많으면 도심에 부는 바람의 속도가 줄고 습도가 높아지기 때문이다. 그리고 나무가 건물에 미치는 냉각 효과는 불과 주변 4미터 정도에 그친다.

싱가포르에서는 어디를 가나 에어컨이 쌩쌩 돌아간다. 이곳 시민들은 에어컨이 업무의 효율성을 높여 경제 발전에 크게 이바지했다고 믿는다. 그래서 더 많은 에어컨을 설치하기 위해 힘썼다. 그런데 최근 들어 에어컨에서 나오는 더운 바람이 문제로 떠올랐

다. 이제는 반대로 에어컨을 줄이려고 애쓴다. 자연 냉각 시스템을 도입해 건물 내부에 시원한 공기가 통하게 하고, 건물 사이에 열이 갇히지 않도록 건물의 높이를 서로 다르게 짓는다. 기후 변화는 세계 모든 도시를 위협하고 있다. 싱가포르도 예외는 아니다. 하지만 싱가포르는 다양한 시도를 통해 고온다습한 환경을 극복하는 모범적인 스마트 도시로 거듭나는 중이다.

키토

아침은 봄, 한낮은 여름, 저녁은 가을, 밤은 겨울

남아메리카 국가인 에콰도르의 수도 키토(Quito)는 싱가포르와 마찬가지로 적도에 걸쳐 있다. '에콰도르'라는 나라 이름이 다름 아닌 '적도의 땅'이라는 뜻이다. 키토에는 이곳이 세상의 중심임을 알리는 적도탑이 있다. 사람들은 적도 선에서 왼발을 남쪽에 두고 오른발을 북쪽에 두고 선다. 그러면 그 자리에서 동시에 남반구와 북반구를 오가는 경험을 할 수 있다.

키토는 싱가포르처럼 적도를 끼고 있는데도 더위 걱정은 하지 않는다. 싱가포르가 열대우림 기후인 데 비해 키토는 상춘 기후를 보인다. 일 년 내내 봄 날씨라는 뜻이다. 실제로 연평균 기온이 14~19도 정도다. 15도면 우리나라 3~4월 날씨와 비슷한 기온이다.

세상의 중심임을 알리는 적도탑

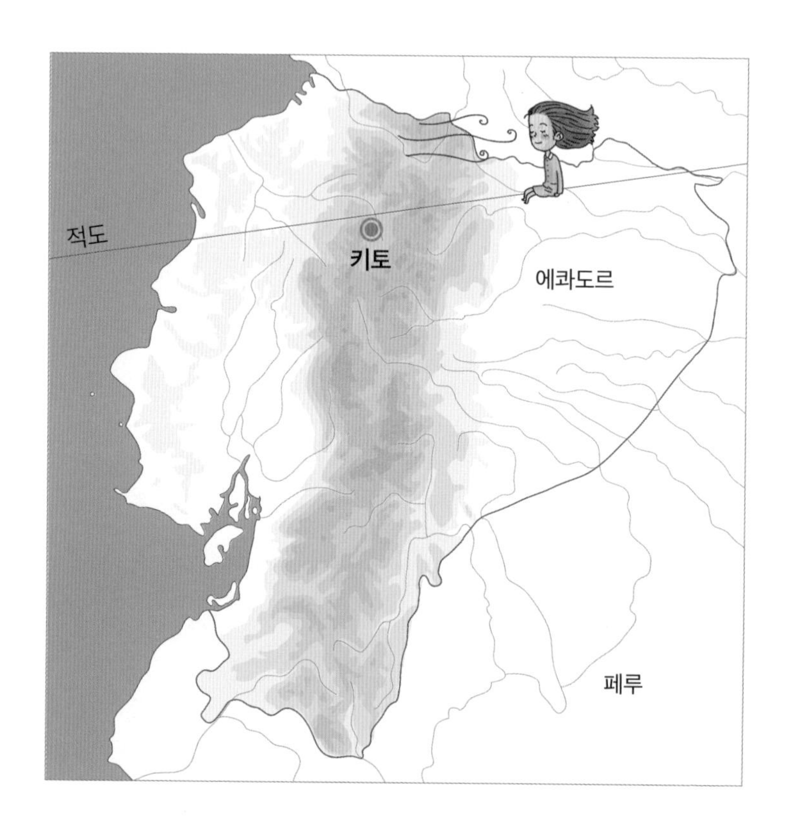

키토가 덥지 않은 이유는 무엇일까? 키토와 싱가포르는 해발고도 차이가 크다. 싱가포르는 높은 산이 없는 도시로 전체가 거의 평지에 가깝지만, 키토는 안데스 산지 중턱의 해발 2,850미터에 자리 잡고 있다. 기온은 위도뿐만 아니라 해발고도의 영향도 크게 받는다. 보통 해발고도가 1,000미터 높아질 때마다 기온이 6도씩 내려간다. 그래서 키토는 싱가포르보다 기온이 약 17도 정도 낮다. 싱가포르가 일 년 내내 여름이듯이 키토는 일 년 내내 봄이다. 대신 하루 동안 날씨 변화가 크다. 독일의 지리학자 알렉산더 폰 훔볼트는 에콰도르 여행이 마치 적도에서 남극까지 여행하는 것과 같다고 했다. 아침은 봄 같은데 한낮은 여름 같고, 저녁은 가을 같은데 밤은 겨울 같다는 뜻이다.

상춘 기후는 인간이 활동하기에 매우 적당하기 때문에 이렇게 높은 산지에서도 고대 문명이 발달할 수 있었다. 키토는 잉카제국의 북쪽 수도였다. 하지만 당시의 유적이 별로 남아 있지 않다. 그 이유는 잉카제국이 에스파냐에게 멸망당할 무렵에 잉카의 한 장군이 키토를 적에게 내주기 싫어서 도시를 파괴해 버렸기 때문이라고 한다. 대신 식민지 시절에 지어진 붉은 기와의 유럽형 건물들이 고스란히 남아 있어서, 키토의 옛 시가지는 유네스코가 정한 세계 10대 문화유산 도시로 지정되었다.

가장 높은 도시
라링코나다
(페루)
헉
헉
헉
해발 5000M
가장 낮은 도시
예리코
(이스라엘)
허가증
검문소

백두산보다도 높고, 바다보다도 낮은

라링코나다

하늘에 가까운 도시에는 산소 대신 금이 있다

페루의 라링코나다(La Rinconada)는 세계에서 가장 높은 곳에 있는 도시다. 안데스산맥에 자리 잡은 이곳의 해발고도는 4,900~5,100미터에 이른다. 백두산의 해발고도가 2,744미터이니 얼마나 높은 위치인지 짐작할 수 있다. 해발 5,000미터는 우리나라에서 볼 수도 없지만 만약에 그런 산이 있다 해도 사람이 살기는커녕 만년설로 뒤덮여 있을 것이다.

안데스산맥이 이처럼 높아진 원인은 대륙의 이동이다. 신생대(약 6,500만 년 전부터 현대까지)에 태평양 바다 지각과 남아메리카 대

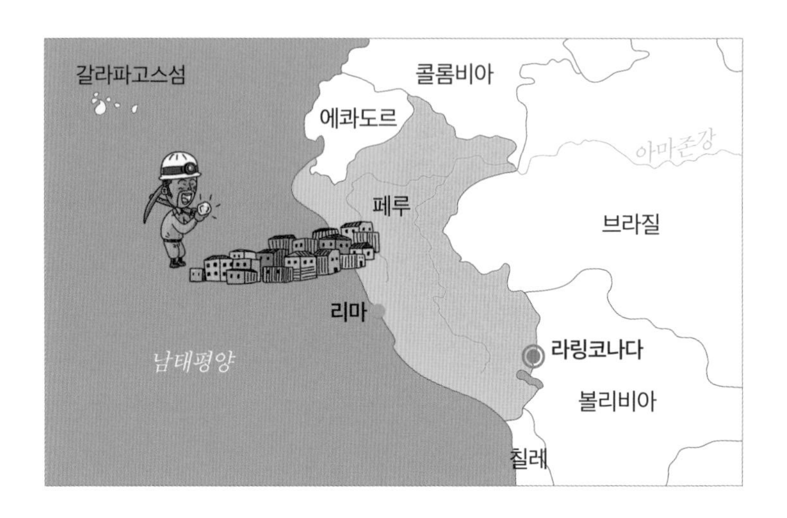

륙 지각이 충돌했는데, 이때 상대적으로 가벼운 대륙 지각이 바다 지각 위로 솟아올랐다.

안데스 지역에 다녀온 사람들에게 고산 도시 경험을 들어 보면 해발 3,000미터까지는 버틸 만한데 4,000미터를 넘으면 열에 아홉은 고산병으로 힘들었다고 한다. 보통 사람이 산소 마스크를 쓰지 않고 활동할 수 있는 고도의 한계는 약 6,000미터다. 해발 5,100미터에서는 산 아래보다 절반 정도의 산소로 숨을 쉬어야 하기에, 우리나라 사람이라면 대부분 머리가 터질 듯 아프고 심하면 구토까지 할 것이다. 또 심장이 너무 가쁘게 뛰고, 산소가 부족해 입술이나 손끝이 파랗게 변하는 증상이 나타난다. 이곳 주민 중에도 약 25퍼센트는 만성 고산병 증세에 시달린다.

하지만 생존의 힘은 고산병보다 강하다. 라링코나다는 1980년

고산 광산 지대에 빼곡하게 자리 잡은 주석 집

대에도 이미 1,000여 명이 사는 화전 마을이었다. 이 도시는 적도 가까이(남위 14도)에 위치하기 때문에 낮은 지대였다면 일 년 내내 열대 기후가 나타나겠지만, 높은 지대에 있기 때문에 평균 기온이 영상 1도 정도로 우리나라의 초겨울 날씨를 보인다. 이곳이 작은 화전 마을에서 도시로 성장한 것은 금광 덕분이다. 2000년대 들어 금값이 많이 오르면서 인구가 일시적으로 5만 명(2012년)까지 늘었다. 금광 도시는 날씨와 금 가격에 따라 거주자들의 수가 늘었다 줄었다 하는데, 현재 이곳 인구는 약 1만 2,000명에서 2만 명 정도다.

슬프게도 이곳 금광 도시의 주민들은 가난하다. 광부들은 광산에서 한 달에 25일 동안 돈을 받지 않고 일한다. 그리고 나머지 5일 동안 캐낸 광석을 임금으로 가져간다. 과거에는 단 하루 동안 캐낸 광석만을 가져갈 수 있었는데 그나마 5일로 늘어난 것이라고 한다. 그러나 광부들이 가져간 광석에 금이 몇 그램이나 들어 있는지 전혀 알 수 없으니, 한 달 내내 일하고 한 푼도 못 버는 경우도 있다. 문제는 적은 임금만이 아니다. 이곳 광부들은 수은 중독과 고산병, 금을 노린 범죄 탓에 해마다 약 150명 정도가 목숨을 잃는다.

라링코나다에 여행을 가려면 각오를 단단히 해야 한다. 호텔에서 와이파이는 고사하고 따뜻한 물도 안 나온다. 게다가 화장실조차 없어서 마을의 공용 화장실을 돈 내고 써야 한다. 집은 골판지나 철판을 잇대어서 지었고, 거리에서는 악취가 난다. 도로는 대부분 비포장 도로인데 광산과 가정집에서 나온 폐수로 여기저기가 패여 있다. 또 거리를 걷다 보면 곳곳에 쓰레기가 쌓여 있고, 뒤엉킨 전선이 길바닥에 방치되어 있어 감전의 위험마저 있다.

라링코나다는 하늘과 가장 가까워서 맑고 깨끗할 것 같지만, 이곳 호수는 수은에 심각하게 오염되었다. 금은 다른 광석에 작은 조각으로 박혀 있거나 모래에 알갱이로 섞여 있는 경우가 많기 때문에, 금을 얻기 위해서는 광석을 부숴 수은과 섞은 후 열을 가해 수은을 증발시켜야 한다. 이 과정에서 수은이 공기를 오염시키고, 강과 호수를 병들게 한다. 이렇게 얻은 금이 전 세계 시장에서 유통되는 금의 25퍼센트를 차지한다. 하늘과 가장 가깝다는 말에 아름다울 줄만 알았던 이 도시는 가난과 위험으로 몸부림치고 있다.

예리코

세 개의 예리코, 신은 가장 낮은 데로 온다

예리코(Jericho)는 세계에서 가장 낮은 땅에 있는 도시다. 해수면보다도 258미터가 더 낮다. 그리고 예리코에서 남쪽으로 약 11킬로미터를 가면 세계에서 가장 낮은 바다인 사해(Dead Sea)가 있다. 사해는 해발고도가 마이너스 430미터인 바다다. 예리코가 이렇게 낮은 땅에 자리 잡은 까닭을 알려면 바로 이 사해가 형성된 과정을 알아야 한다.

지구에는 10개의 크고 작은 지각 판이 있다. 그리고 이 지각 판들은 각자의 방향대로 이동한다. 예리코와 사해는 아라비아 지각판과 아프리카 지각 판 사이에 있는데, 이 두 개의 판이 서로 벌어지고 있다. 판과 판이 벌어지는 과정에서 그 사이에 있는 일부 지각이 내려앉아 해수면보다 낮은 땅과 바다가 만들어졌다. 그곳에 사해와 예리코가 있는 것이다.

예리코에는 오아시스가 있어서 오래전부터 사람들이 살 수 있었다. 여러 오아시스 중에서도 1분에 약 4,500리터의 물이 솟아 나오는 술탄(엘리사) 샘이 가장 유명하다. 덕분에 예리코에서는 초록빛을 보기가 어렵지 않고, 3층 건물 높이의 대추야자 나무가 즐비하다.

예리코에 가면 세 개의 예리코를 만날 수 있다. 먼저 구약 시대의 예리코 성이다. 예리코 성은 남북으로 길고(290미터) 동서로 좁은(100미터) 언덕 형태로, 1만 1,000년 전부터 사람이 살았던 흔적이 남아 있다. 그래서 예리코를 세상에서 가장 오래된 도시라고 부른다. 그런데 예리코 성이 처음부터 자연스러운 언덕 위에 지어진 것은 아니다. 원래 평지에 만들어진 성에 다른 부족이 침입해 기존의 도시를 파괴하고, 그 위에 새로운 도시를 건설했다. 그 후로 또 다른 부족이 침입해 같은 방법으로 새 도시를 건설했다. 이렇게 한

결과 성터가 점점 높아져서 커다란 언덕이 되었다.

또 하나의 예리코는 신약 시대(예수 탄생 후부터 재림까지의 시기)에 만들어진 예리코다. 이곳은 예리코 성으로부터 약 3킬로미터 떨어져 있으며, 크리스트교를 믿는 사람들이라면 언젠가는 꼭 한 번 가 봐야 하는 성지다. 일반 여행객도 소문을 듣고 많이 찾는다. 예리코는 더 많은 관광객을 유치하기 위해 관광 케이블카를 설치했는데, 예리코 시내에서 '시험산'으로 이어져 있어서 이를 타고

가면 예리코 시내를 한눈에 다 볼 수 있다. 시험산은 예수를 시험에 들게 했다는 곳으로, 예수가 40일 금식을 마치자 마귀가 나타나서 '돌을 떡이 되게 하라'고 예수를 유혹한 곳이다. 그때 예수는 '사람은 떡이 아니라 하느님의 말씀으로 산다'는 말로 마귀를 쫓았다고 한다.

오늘날 이스라엘의 수도가 된 예루살렘은 예리코보다 약 1,000미터 높은 땅에 있다. 그래서 겨울이 되면 추운 예루살렘에서 따뜻한 예리코로 내려가는 사람들이 많다. 그런데 그 길에 '착한 사마리아인의 여관'이라고 적힌 표지판이 있다. 예루살렘에서 예리코로 가는 길은 상인들이 무역을 위해 다니는 길이었는데, 그들의 돈을 노리는 강도가 많았다. 이 길에서 강도를 만나 다친 사람을 보고 모두가 외면하는데, 유대인들에게 멸시당하고 살던 사마리아인이 그를 구해 주었다. 이것이 성경에 나오는 '착한 사마리아인' 이야기인데, 예리코가 바로 그 배경이다. 여기서 유래한 '착한 사마리아인 법'이라는 법이 있다. 위험에 처한 사람을 보았을 때, 자신이 위험해지지 않는데도 구조하지 않고 그냥 지나치는 사람을 처벌하는 법이다.

마지막 예리코는 현재의 예리코다. 구약 시대의 예리코와 신약 시대의 예리코 주변에 형성된 인구 약 2만의 도시로, 팔레스타인 사람들의 자치 구역이다. 그래서 이스라엘 사람이라도 예리코에 들어가려면 팔레스타인 정부에서 발급한 허가증이 있어야 한다. 하지만 예리코는 이스라엘군의 통제를 받는 곳이기도 하다. 여기에 이스라엘 사람들을 위한 정착촌이 있기 때문이다. 이스라엘군은 이들 정착민을 보호한다는 목적으로 정착촌에 주둔하고 있다. 또 이스라엘 정부도 이곳에 계속해서 유대인 정착촌을 늘리고 있다. 한마디로 팔레스타인 사람들의 땅을 야금야금 빼어가는 것이다. 세계에서 가장 낮은 땅에 사는 예리코의 팔레스타인 사람들은 자신들의 나라를 만들기 위해 이스라엘의 위협에 맞서고 있다.

북쪽 끝 도시
롱위에아르뷔엔
(노르웨이)
남쪽 끝 도시
푸에르토윌리엄스
(칠레)
관광객들
지겹다…

세상의 끝에는 무엇이 있을까

롱위에아르뷔엔

지구의 북쪽 끝에 준비해 둔 '씨앗의 방주'

롱위에아르뷔엔(Longyearbyen)은 노르웨이 북쪽 스발바르 제도의 여러 섬 중 하나인 스피츠베르겐섬에 있다. 노르웨이와 북극점의 중간에 위치한 스피츠베르겐섬은 면적이 제주도의 13배 정도지만, 60퍼센트가 빙하로 덮여 있다. 롱위에아르뷔엔에는 약 2,800명의 주민이 살고 있는데, 대부분 노르웨이 사람이지만 러시아, 태국, 스웨덴, 우크라이나 등에서 온 사람들도 있다. 인구는 적어도 학교, 병원, 우체국, 은행, 경찰서 등 있을 건 다 있다.

롱위에아르뷔엔은 17~18세기에 고래잡이 기지로 이용된 적은

있지만, 사람들이 도시를 이루어 산 적은 없었다. 그러다가 20세기 초에 이곳에서 석탄이 발견되면서 탄광촌이 생겼다. 최근 들어 석탄 생산량이 줄면서 지금은 광산 한 곳 정도에서만 석탄을 캐고 있다. 탄광촌으로 발달한 도시라서 그런지 지금도 전체 인구에서 남자와 젊은이의 비중이 높고, 66세 이상의 고령자는 거의 없다.

롱위에아르뷔엔은 북위 78도로 북반구에서 가장 고위도에 위치한 도시다. 이곳보다 북쪽에 뉘올레순이 있긴 하지만, 이곳은 상주 인구가 30여 명밖에 안 되는 연구 기지이기 때문에 도시라고 보기는 어렵다. 롱위에아르뷔엔은 북극과 가깝지만, 난류의 영향으로 영하 수십 도까지 떨어질 정도로 춥지는 않다. 그렇다고 농사가 가능한 건 아니기 때문에 주민들은 순록이나 물개 같은 일부 육류를 빼고는 식량을 대부분 수입해서 먹는다. 그래도 짧은 여름에는 기온이 영상으로 올라가기도 해서 순록들이 땅 위로 드러난 풀을 뜯는다. 4월 말부터 7월 중순까지 밤이 없는 백야 현상이 나타나고, 11월부터 2월 사이에는 오로라를 감상할 수 있다.

롱위에아르뷔엔은 북극과 가깝고 노르웨이 본토와 멀기 때문에 이곳만의 특별한 법이 있다. 물건이 귀하다 보니 개인이 구매할 수 있는 술의 양이 매달 정해져 있다. 그리고 외출하는 모든 사람은 북극곰으로부터 자신을 보호하기 위해 소총을 휴대해야 한다. 또 시신을 매장할 수 없고, 정부의 허가를 받아 화장한 후 재만 묻을 수 있다. 이곳에서 시신 매장을 금지한 이유는 1950년에 일어난 놀라운 사건 때문이다. 과거 유행성 독감(1918년)으로 사망한 사람들의 시신이 꽁꽁 얼어서 썩지 않은 채 발견된 것이다. 과학자들은 시신 속에 20세기 초 세계 인구의 5퍼센트를 사망하게 한 바이러스의 변종이 있을 수 있다고 했다. 그리고 이 도시에서는 집을 지을 때 반드시 쇠기둥 위에 지어야 한다. 쇠기둥을 얼음 밑 땅속 깊이 박아서 그 위에 집을 짓지 않으면, 여름에 지표층이 녹을 때 집이 가라앉거나 기울어져 찌그러질 수 있기 때문이다. 또 멸종 위기에 있는 북극의 새들을 보호하기 위해 고양이를 못 들여온다.

롱위에아르비엔은 기후 변화나 핵전쟁으로 지구 최후의 날이 닥칠 것에 대비한 '노아의 방주'이기도 하다. 이곳에는 '국제 종자 저장고'가 있는데, 지구상에 존재하는 주요 식물의 멸종을 막기 위해 씨앗을 보존한다. 이 저장고는 영구 동토층인 지하 130미터 갱

국제 종자 저장고

도에 지어져서 언제나 영하 4도를 유지한다. 총 450만 점의 종자를 저장할 수 있으며, 지금까지 세계 여러 나라에서 보내온 종자 98만 종이 저장되어 있다.

푸에르토윌리엄스

남반구의 땅끝마을, 해군 기지와 모계 사회

칠레의 도시 푸에르토윌리엄스(Puerto Williams)는 지구의 가장 남쪽, 남아메리카 대륙의 가장 끄트머리에 있는 도시다. 주변 바다는 대서양과 태평양을 잇는 곳으로, 과거 오스트레일리아에서 생산한

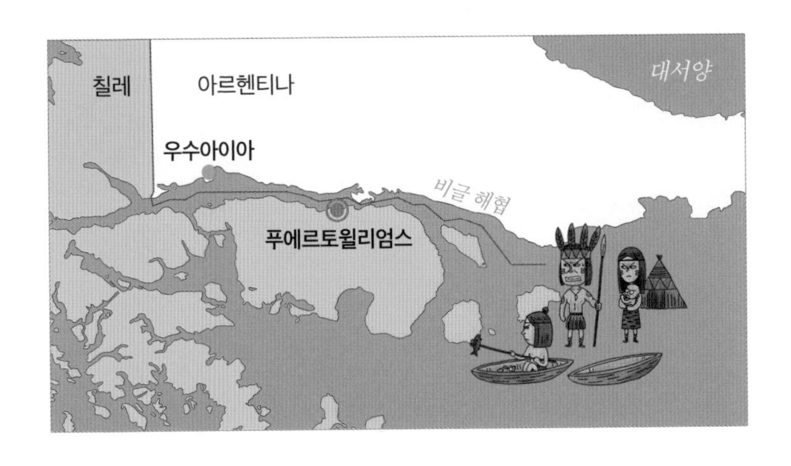

양털과 밀을 대서양 건너 유럽으로 가져가고, 반대로 미국 동부의 뉴욕에서 서부의 샌프란시스코까지 대형 화물을 싣고 가던 바닷길이었다. 그런데 이 바다는 높고 거친 파도와 배가 휘청거릴 정도의 빠른 해류, 그리고 배에 와서 부딪히는 거대한 얼음 덩어리 때문에 선원들에게는 무덤과 같은 곳이었다. 그러다가 1914년에 파나마 운하가 개통된 이후로 이곳을 지나는 무역선이 크게 줄어서 지금은 관광 목적으로 찾는 사람들이 더 많다.

푸에르토윌리엄스는 1953년에 해군 기지로 만들어진 도시였다. 도시의 이름은 19세기 영국인 최초로 마젤란 해협에 정착했던 해군 사령관 존 윌리엄스 윌슨에서 따왔다. 오늘날 푸에르토윌리엄스에는 약 3,000명이 넘는 사람들이 사는데, 거주자 중 가장 많은 수를 차지하는 사람들은 해군과 그 가족이다. 그들은 하얗고 깔끔한 모습으로 단장한 군 관사에서 산다. 그 외에도 이곳을 찾는

여행객이 늘면서 사업을 위해 들어온 사람들과, 원주민인 야간족 약 70명이 살고 있다.

야간족은 1만 년 전부터 마젤란 해협과 비글 해협 일대에서 살았다. 그들은 카누를 타고 섬을 오가면서 물고기나 바다사자를 사냥해 식량을 충당했다. 유럽인들이 이곳에 도착했을 때 그 추운 날씨에도 야간족들은 옷을 입지 않고 있었다고 한다. 야간족은 유럽인 침략자에 맞서 싸우다가 죽임을 당했고, 유럽인들이 옮긴 홍역과 천연두에 감염되어 많은 수가 죽었다. 이들은 대부분 도심 외곽에 있는 '빌라우키카'라는 마을에 살고 있는데, 마을에서 가장 존경받는 사람은 '할머니 크리스티나'로 불리는 90대 여성이었다. 할머니 크리스티나는 야간족 언어인 야간어를 할 줄 아는 마지막 사람이었으나 지난 2022년 93세로 숨을 거두었다.

만년설로 덮인 아름다운 자연과 독특한 원주민 문화, 그리고 지구 최남단 도시라는 타이틀까지 거머쥐면서 푸에르토윌리엄스는 칠레에서 주목받는 도시가 되었다. 칠레 정부도 이곳에 더 많은 여행객을 끌어들이기를 기대한다. 하지만 이런 상황을 이곳 주민 모두가 좋아하는 것은 아니다. 주민들은 예전에는 자동차에 열쇠를 꽂아 놓고 다니거나 밤에 문을 열어 놓아도 도둑이 없는 도시였는데, 이방인들의 출입이 늘면서 그런 평화가 깨질까 봐 걱정한다.

해가 가장
먼저 뜨는 도시
사우스타라와
(키리바시)
물이 넘쳐!
해가 가장
늦게 뜨는 도시
호놀룰루
(미국)

사우스타라와
시간이 시작되는 곳이지만 남은 시간이 없다

사람들은 한 해의 마지막 날에 강릉 정동진이나 속초 촛대바위 같은 동해안의 해돋이 명소로 가곤 한다. 그러나 우리나라에서 새해 첫 해를 가장 먼저 볼 수 있는 곳은 독도다. 그리고 전 세계 국가 중에서는 키리바시가 가장 먼저다.

키리바시는 여러 개의 섬으로 이루어진 나라다. 태평양 한가운데 적도 부근에 33개의 섬(21개는 무인도)이 동서로 3,200킬로미터에 걸쳐 늘어서 있다. 과거 영국 식민지 시절에는 국명이 '길버트 제도'였는데, '길버트'를 원주민 언어로 바꾼 것이 '키리바시'다.

둥근 지구에서 어디서 해가 가장 먼저 뜨는지가 왜 중요할까? 바로 시간과 관계가 있기 때문이다. 전 세계의 시간은 영국 그리니치 천문대의 표준시를 기준으로 삼는다. 그리니치 천문대는 지구 경도 0도 지점으로서 이를 기준으로 서쪽으로 15도를 가면 1시간이 추가되고, 반대로 동쪽으로 15도를 가면 1시간이 줄어든다. 사람 머리를 지구라고 할 때, 경도 0도 선이 뒤통수 한복판을 지난다면 그 반대편 이마와 코를 지나는 선이 날짜 변경선이다. 날짜 변경선은 국제적으로 날짜의 기준을 정하기 위한 선으로서 경도 180도를 지난다. 그런데 직선이 아니라 몇 군데 지점에서 이리저리 구부러져 있다. 이는 날짜 변경선이 한 나라의 가운데를 지나갈 경우 같은 나라에서 두 개의 날짜가 생기는 혼란을 막기 위해서다. 날짜 변경선을 기준으로, 보는 사람의 왼쪽이 월요일이면 오른쪽은 화요일이다. 따라서 날짜 변경선의 가장 왼쪽 가까운 곳에 있는 나라가 해가 가장 먼저 뜨고 시간이 가장 이르다. 그 나라가 바로 키리바시다.

키리바시의 수도는 사우스타라와(South Tarwa)다. 면적은 여의도의 다섯 배 정도지만 공항도 있고 항구도 있고 병원·학교 등 수도로서 필요한 것들은 다 갖추었다. 좁은 땅에 6만 명이 넘는 인구가 살아서 인구밀도는 1제곱킬로미터당 약 4,900명으로 런던(5,100명)과 비슷하다. 6만 명이면 얼마 안 되는 것 같지만, 이 나라의 총인구가 11만 명 정도니까 국민의 절반 이상이 수도에 사는

섬이다. 사우스타라와는 키리바시에서 가장 번화한 도시지만, 도심부에도 숲이 우거지고 고층 건물은 거의 없으며 아담한 단독주택이 늘어서 있다.

사우스타라와는 해저화산에 산호초가 쌓여서 만들어진 아름다운 섬이다. 산호는 식물이 아니고 동물인데, 주로 열대의 얕고 따뜻한 바다에서 단단한 바위에 붙어 산다. 산호는 1년에 약 1.5센티미터씩 성장하며, 석회질 골격을 갖고 있어서 쌓이고 굳으면서 단단해진다. 한다. 이곳의 산호는 약 15~20만 년 동안 쌓인 것이다.

사우스타라와는 환초 위에 세워진 도시다. 환초는 화산섬에 산호가 자란 뒤 섬이 가라앉으면서 고리 모양만 남은 산호초로서, 열대의 바다에 많다. 환초 주변은 물이 잔잔해 배가 드나들기 편하기 때문에 해상 교통과 군사상의 거점으로 이용되기도 한다.

사우스타라와는 세계에서 가장 먼저 해가 뜨는 곳이라 많은 사람이 찾을 만도 한데, 현실은 그렇지 않다. 사우스타라와에서 가장 높은 곳이 해발 3미터에 불과하다. 게다가 정작 큰 문제는 따로 있다. 이 도시의 해안은 해수면보다 1.8미터밖에 높지 않다. 지금과 같이 해수면이 상승한다면 앞으로 50년 안에 도시가 물에 잠겨 사라질 운명이다. 그래서 약 2,000킬로미터 떨어진 피지섬에 약 88억 원을 주고 이주할 땅을 구입했다.

이곳 사람들은 기후 변화의 희생양이다. 2016년 브라질에서 열린 리우 올림픽에서 키리바시의 남자 역도 선수가 춤을 통해 물

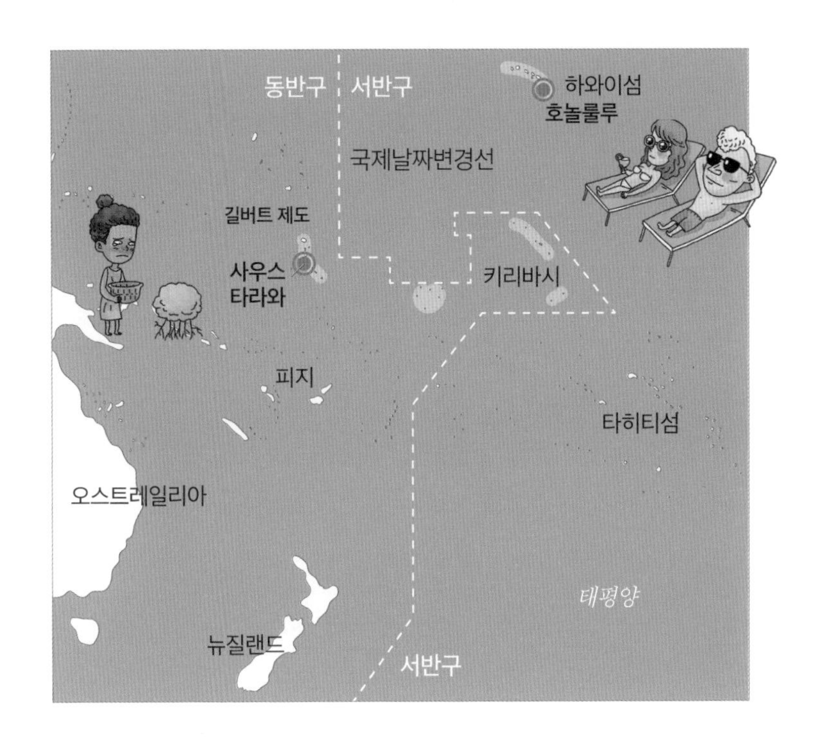

에 잠기고 있는 조국의 현실을 알리기도 했다. 몇몇 사람들은 세계 최초로 '기후 난민'의 자격을 인정받기 위해 뉴질랜드와 법적으로 다투고 있다.

시민들은 당장 닥친 문제 때문에도 힘들어한다. 기후 변화로 강수량이 줄면서 식수원인 지하수에 바닷물이 섞여 들고, 어획량도 크게 줄었다. 밀물이 높을 때는 바닷물이 육지로 흘러넘쳐 경작지가 피해를 입는다. 세계에서 하루가 가장 먼저 시작되는 곳이지만, 정작 그들에게 기후 변화에 대처할 시간은 많지 않다.

호놀룰루

아시아인의 피, 땀, 눈물이 서린 화산섬의 도시

호놀룰루(Honolulu)는 세계에서 가장 표준시가 늦은 곳이다. 그런데 이렇게만 이야기하면 호놀룰루와 사우스타라와가 마치 지구 반대편에 있는 도시인 걸로 착각할 수 있다. 하지만 두 곳 모두 실제로는 태평양에 있으며, 그것도 비슷한 경도에 있다.

시간을 결정하는 게 경도인데, 비슷한 경도상에 있는 도시들은 대체로 시간이 거의 같다. 그러니까 사우스타라와 사람들과 호놀룰루 사람들이 오늘 아침에 본 태양은 같은 태양이다. 단, 날짜 변경선을 기준으로 사우스타라와가 서쪽에, 호놀룰루가 동쪽에 위치하기 때문에 하루의 시간 차이가 난다. 그래서 사우스타라와는 세계에서 표준시가 가장 빠른 곳이고, 반대로 호놀룰루는 세계에서 가장 표준시가 늦은 곳이 된다.

호놀룰루가 있는 하와이주는 미국의 50번째 주이며 하와이섬, 니하우섬, 오아후섬 등 8개의 큰 섬과 100여 개의 작은 섬들이 대각선으로 600킬로미터에 걸쳐 늘어서 있다. 하와이주의 여러 섬 중 시간이 가장 늦은 곳, 그러니까 사우스타라와에 비해 24시간이 차이 나는 곳은 베이커섬과 하울랜드섬이다. 그런데 둘 다 무인도라서, 사람이 많이 사는 도시 중에서는 22시간이 차이 나는 호놀룰루의 표준시가 가장 늦다.

호놀룰루는 제주도보다 약간 작은 오아후섬에 있으며, 하와이주 인구의 90퍼센트가 이 도시에 산다. 하와이주의 섬들은 대부분 화산 폭발로 만들어졌는데, 일부 섬에서는 지금도 화산 활동이 활발히 진행되고 있다. 지금은 화산 활동이 많은 여행객을 부르는 관광 상품이지만, 과거에는 불의 신 펠레가 노여워하는 것으로 여겨 원주민들은 두려움에 떨었다.

호놀룰루는 원주민 말로 '보호받는 곳'이란 뜻이다. 하와이주가 미국 영토에 속하게 된 것은 1900년인데, 호놀룰루는 그 이전 하와이 왕국 때부터 수도였다. 호놀룰루는 관광도시이기 전에 사탕수수의 도시였고, 그 이전에는 고래잡이의 도시였다. 태평양의 고래잡이 중심지로 수백 척의 배가 드나들었지만, 고래잡이 금지법이 제정되면서 고래잡이가 쇠퇴했다. 그래도 호놀룰루는 사탕수수와 파인애플을 재배하는 플랜테이션 농업으로 도시가 크게 성장했다.

이 도시의 성장 과정에는 아시아인들의 피와 땀이 어려 있다. 19세기에 유럽인이 옮겨온 전염병으로 하와이주의 원주민이 크게 감소하자, 사탕수수와 파인애플 농장에서 일할 노동력이 부족해졌다. 그래서 중국, 일본, 우리나라 노동자들이 그 일자리를 대신했다. 한국인은 1903년에 최초로 인천 제물포를 출발해 102명이 호놀룰루에 도착했다. 이들은 농장 관리자의 엄격한 감시 아래 일요일만 쉬면서 하루 10시간씩 일을 했다. 새벽 4시 30분이면 귀

가 찢어질 듯한 사이렌 소리에 일어나, 아침 6시부터 오후 4시 30분까지 땀을 흘렸다. 그 사이에 쉬는 시간은 30분간의 점심시간이 전부였다.

1960년대에 호놀룰루는 전 세계 파인애플 생산량의 80퍼센트 이상을 차지했지만, 1970년대 이후 사탕수수와 파인애플 생산의 중심지가 동남아시아로 옮겨갔다. 호놀룰루는 지금도 미국 내에서 캘리포니아주와 함께 아시아인들이 많이 사는 곳인데, 시민 중 절반 이상이 한국, 중국, 일본, 필리핀 등 아시아 출신이다.

오늘날 호놀룰루의 주요 산업은 관광이다. 매년 약 100만 명의 관광객이 호놀룰루를 방문하며, 대다수가 와이키키 해변 근처에 머무른다. 와이키키 해변이 세계적 휴양지로 떠오른 까닭은 아열대 기후에 속하면서도 일 년 내내 비가 적고 화창한 날씨를 유지하기 때문이다.

미국에서 휴가철에 휴가 가지 않아도 되는 도시 1위로 호놀룰루가 뽑혔다. 호놀룰루는 세계에서 가장 늦게 해가 뜨지만 그런 것에는 아랑곳없이 세계에서 가장 살맛 나는 도시다.

메리 크리스마스
겨울
크리스마스의 도시
로바니에미
(핀란드)
여름
크리스마스의 도시
시드니
(오스트레일리아)
메리 크리스마스

남북이 다르면 계절도 반대

로바니에미

눈 덮인 숲속 산타에게 보낸 1,800만 통의 편지

크리스마스가 다가오면 생각나는 산타. 산타는 터키의 '성(聖, Saint) 니콜라스'에서 시작되었다고 한다. 1600년 전, 성 니콜라스는 이웃을 도우라는 예수의 가르침을 실천하기 위해 가난한 집에 들어가 몰래 돈과 물건을 놓고 나왔다. 니콜라스의 선행이 유럽으로 알려지면서 네덜란드에서는 그를 '산(San) 니콜라우스'라고 불렀고, 그 이름이 훗날 '산타클로스'가 되었다. 그가 세상을 떠나자 그를 기억하고 기념하기 위해 매년 12월에 아이들에게 선물을 주는 풍습이 생겨났다.

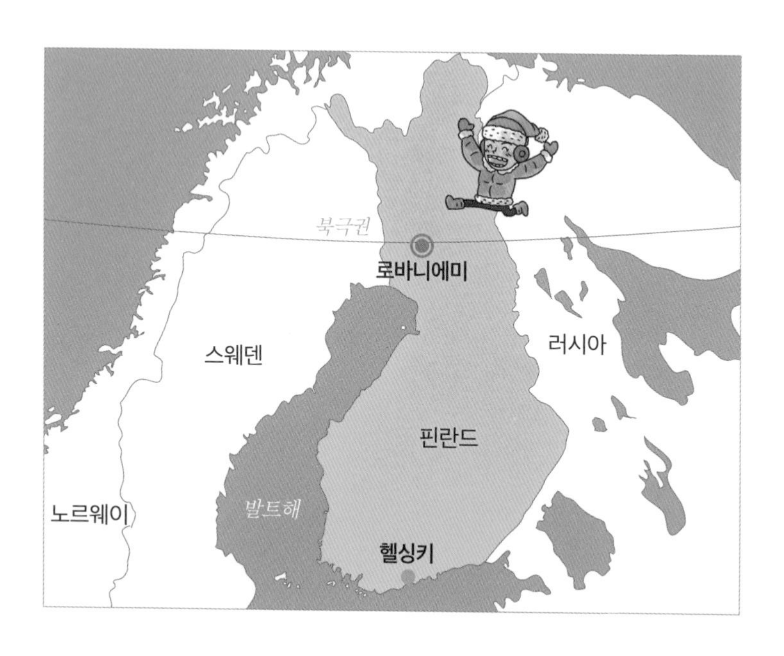

이런 이야기를 하다 보면 산타의 도시는 터키나 네덜란드에 있을 것 같은데, 현재 산타의 도시는 핀란드의 로바니에미(Rovaniemi)다. 왜 하필 핀란드일까? 1920년대 핀란드의 어느 라디오 프로그램 진행자가, 산타는 로바니에미의 산속에 살고 있으며 착한 어린이의 소원을 들어 준다고 말했다. 농담으로 한 말인데 이 방송을 들은 핀란드 어린이들이 로바니에미로 편지를 보내는 황당한 일이 벌어졌다. 그런데 그곳에서 일하던 벌목공들이 이 아이들의 귀여운 편지를 받아 읽고, 마치 산타인 양 답장을 써 보냈다. 그러자 아이들은 산타가 진짜 있다고 믿게 되었으며, 이 소문이 전국으로 퍼지면서 매년 겨울이면 로바니에미의 산속에 있다고 알려진 산타에게 편지가 쏟아졌다.

'산타가 사는' 로바니에미도 제2차 세계대전을 피하지 못했다. 소련은 전쟁을 기회로 예전 러시아제국의 영토였던 핀란드를 되찾으려 했다. 핀란드는 소련의 침입을 막기 위해 울며 겨자 먹기로 독일과 동맹을 맺었고, 독일은 로바니에미에 군사 기지를 만들었다. 그러나 소련에 밀려 후퇴할 상황이 되자, 독일군은 소련에 로바니에미를 넘겨주지 않으려고 도시를 철저히 파괴해 버렸다.

로바니에미는 도시 대부분이 불에 타 폐허가 되었지만, 산타가 있다는 믿음까지 사라지지는 않았다. 전쟁이 끝난 후 로바니에미는 순록의 머리 모양을 닮은 도시로 다시 태어난다. 본래 이 도시의 지형에다가 순록 머리 모양으로 윤곽선을 그리고, 주요 도로와 철도가 뿔처럼 뻗어 나가도록 했다. 순록의 눈 자리에는 축구장을 지었다.

그렇다고 해서 로바니에미가 곧바로 유명해진 것은 아니다. 로바니에미가 세계적으로 유명한 산타의 도시가 된 데는 미국 프랭클린 루스벨트 대통령의 부인, 애나 엘리너 루스벨트가 큰 역할을 했다. 당시 로바니에미는 유엔(UN) 국제부흥사무국의 지원을 받는 최초의 도시가 되었는데, 루스벨트 부인이 유엔 주재 미국 대표에게 영향력을 행사해 국제부흥사무국의 지역 재건 사업 자금이 로바니에미에 투입되도록 한 것이다. 그리고 그녀가 로바니에미를 방문한다는 소식이 전 세계에 알려지면서 이 도시는 세계인의 주

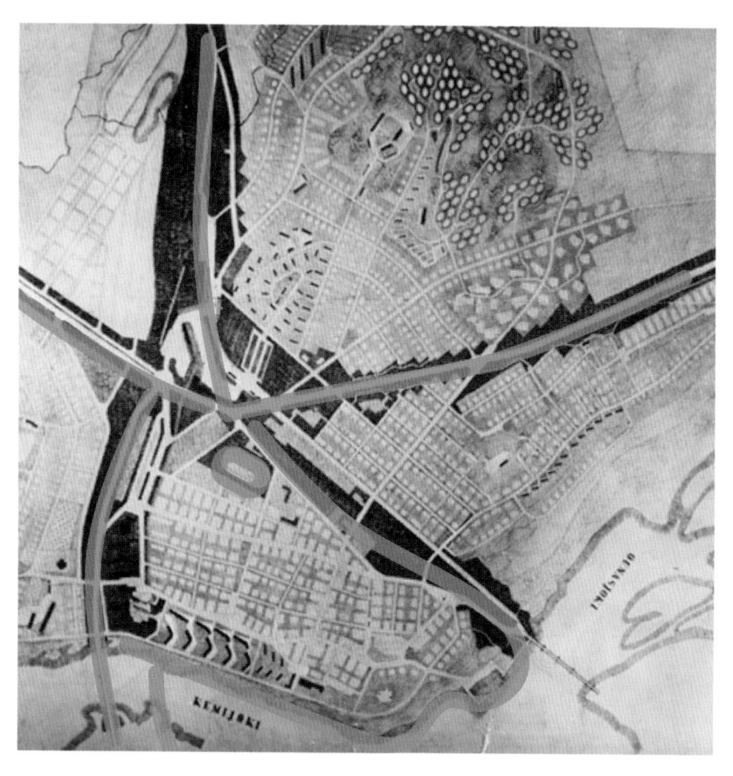

제2차 세계대전이 끝난 후 로바니에미는 순록의 머리 모양을 닮은 도시로 다시 태어났다. 본래 이 도시의 지형에다가 순록 머리 모양으로 윤곽선을 그리고, 주요 도로와 철도가 뿔처럼 뻗어 나가도록 했다. 순록의 눈 자리에는 축구장을 지었다.

목을 받게 되었다. 1950년 6월, 루스벨트 부인은 자신을 위해 지은 로바니에미의 한 오두막에서, 당시 미국 대통령인 해리 트루먼에게 감사의 편지를 썼다. 이 편지는 북극권(북위 66.5도 이상 지역)에서 외부로 보낸 최초의 편지였다.

6705 KM
PARIS
NEW DELHI 5413KM
AMSTERDAM
TOKIO 7340KM
PEKING 6680KM

지난 40년 동안 전 세계 어린이들이 보낸 1,800만 통 이상의 편지가 로바니에미로 왔다. 세계 곳곳에서 편지가 오기 때문에 무려 12개 언어로 답장을 한다. 이를 위해 산타 마을에 산타 우체국이 있고, 우체국에는 답장 쓰는 산타 비서들이 있다. 이 마을에 가면 빨간 옷을 입은 산타와 기념사진도 찍을 수 있다. 참, 산타의 빨간 옷은 1931년 코카콜라 광고에 나온 산타클로스 복장에서 시작됐고, 루돌프의 빨간 코는 1939년 미국의 한 백화점 광고에서 시작됐다. 그 이전에 산타는 거위 떼가 끄는 썰매를 타거나, 자전거나 심지어 자동차를 타는 모습이었다.

시드니
여름 산타의 도시가 품은 빛과 그늘

남반구에 있는 나라 오스트레일리아에서 가장 큰 도시인 시드니(Sydney)는 여름에 크리스마스를 맞이한다. 왜 북반구와 남반구는 일 년 중 같은 시기에 계절이 반대일까? 그 이유는 지구의 자전축이 기울어져 있기 때문이다. 그래서 북반구에서 해가 짧아지면 남반구에서 해가 길어지고, 반대로 북반구에서 해가 길어지면 남반구에서는 해가 짧아진다.

시드니의 크리스마스 행사 중 가장 유명한 것은 '산타 달리기

시드니의 '산타 달리기 대회'

오스트레일리아에서 가장 오래된 유럽인의 마을, 록스

대회'다. 이때는 두꺼운 산타 털옷 대신 빨간 반바지에 얇은 티셔츠를 입은 아저씨 산타, 아주머니 산타, 할머니 산타, 어린이 산타들이 시드니 도심에서 오페라하우스까지 5킬로미터 정도를 달린다. 이때 선수로 등장하는 산타들은 1등이 목표가 아니라, 좋은 추억을 쌓고 형편이 어려운 어린이를 위한 모금 활동을 위해 달린다.

빨간 반바지의 산타 옷을 입고 달리다 보면 오페라하우스 건너편에 오스트레일리아에서 가장 오래된 유럽인의 마을이자, 죄수들이 건설한 마을인 록스가 보인다. 18세기 영국의 대도시들은 산업혁명으로 환경오염과 주택, 일자리, 전기, 상하수도 부족 등 많은 문제가 생겼다. 그리고 절도와 강도, 폭력과 살인 등 각종 범죄가 판을 쳤다. 이런 까닭에 점차 영국 국내에서 수용하기 어려울 정도로 죄수가 늘어났다. 그래서 영국 정부는 죄수들을 당시 영국의 식민지인 미국으로 보내 식민지 개척에 이용했는데, 미국이 1776년에 영국으로부터 독립하자 새로운 개척지가 필요했다.

1788년에 죄수와 그들의 가족 788명을 태운 영국 함대가 오스트레일리아 동부 해변에 처음 도착했다. 그들은 그곳에 영국 국기를 게양하고, 내무부장관 로드 시드니의 이름을 따서 도시 이름을 시드니라고 지었다. 죄수들은 시드니코브만(灣) 서쪽에 있는, 온통 바위투성이인 산등성이에 집을 짓고 마을 이름을 '록스'(바위)라고 했다. 그 이후로도 영국 정부는 많은 죄수를 시드니로 이주시켰다.

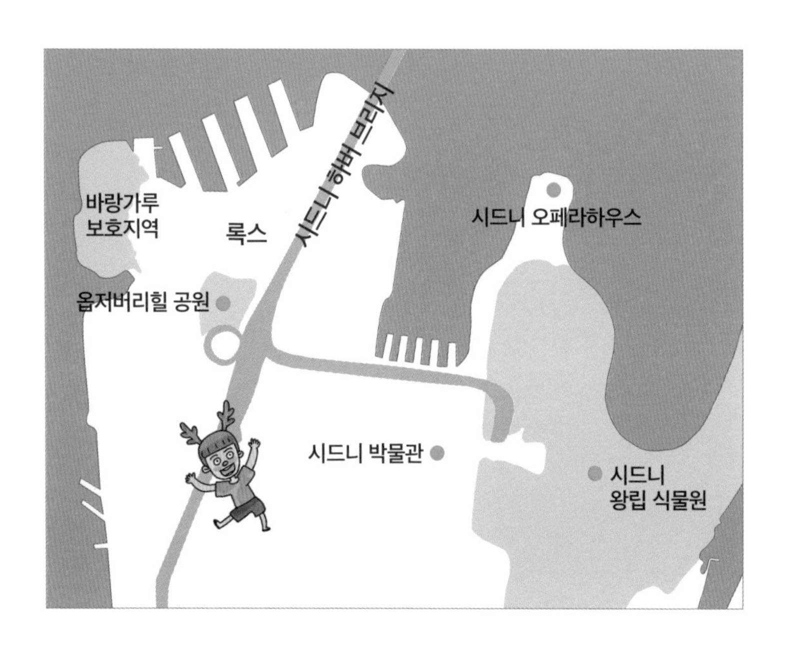

죄수들은 주변에서 주워온 돌로 벽을 쌓고, 풀과 나무로 지붕을 덮었다. 비탈진 돌밭에 자리를 잡은 록스 주민들은 힘든 노동과 식량 부족으로 많은 수가 죽어 갔다. 그러나 점차 시간이 지나면서 록스는 죄수뿐만 아니라 군인, 사업가, 상점 주인과 종업원, 선장과 선원, 항만 노동자 등이 함께 사는 곳으로 변해 갔다.

1851년에 이 지역에서 금광이 발견되자, 투자자와 노동자 그리고 그 가족들이 이민을 오면서 인구가 빠른 속도로 늘어났다. 이들은 공간이 허락하는 곳이면 어디나 집을 지었는데, 누군가가 살았던 마당에 테라스 주택을 지었고, 마구간을 개조해서 집으로 쓰기도 했다. 그런데 오스트레일리아에서 다른 금광들이 개발되자,

이미 돈을 번 사람들은 새로운 지역으로 떠나갔다. 그 결과 록스는 가난한 노동자들만 남은 마을이 되었는데, 아일랜드인과 중국인을 포함해 광산 노동자들이 많았다.

1973년 시드니에 오페라하우스가 들어섰다. 이는 시드니의 낡은 도심을 현대화하려는 목적이었다. 당시 오스트레일리아 정부는 아름다운 시드니에서 록스라는 가난한 동네를 지우고 싶어 했다. 관리들이 보기에 주민들이 사랑하는 테라스 집은 그저 보기 흉한 건물에 불과했다. 결국 정부는 록스 지역을 미국 맨해튼처럼 초고층 건물이 즐비한 상업 지역으로 재개발하기로 결정했다.

그러나 록스 주민들은 오래된 집과 거리가 사라지는 것을 원하지 않았다. 무엇보다 재개발이 되면 자신들은 시드니 변두리로 쫓겨나야 했다. 주민들과 노동자 조합은 힘을 합쳐 정부와 개발업자를 설득했다. 하지만 정부는 강압적으로 개발 계획을 밀어붙였다. 그러자 세계 최초의 도시 재개발 거부 운동이 '록스의 전투'로 불리는 강경 투쟁으로 바뀌었다. 사상자가 발생할 정도로 투쟁이 격렬해지자 오스트레일리아 정부는 마침내 록스 재개발을 포기했다.

오늘날의 시드니는 매년 900만 명의 사람들이 방문하는 세계적인 관광도시가 되었지만, 그 유명한 오페라하우스가 드리우는 그늘에는 록스를 지킨 주민들의 피와 땀이 서려 있다.

한류의 도시
안토파가스타
(칠레)
난류의 도시
나르비크
(노르웨이)
페루 한류
북대서양 난류

바다의 온도가 도시를 만든다

안토파가스타

세상에서 가장 맑은 도시에서 별을 보다

칠레 북부에 자리 잡은 안토파가스타(Antofagasta)는 구름 낀 날이 1년 중 채 20일이 넘지 않는, 세상에서 가장 맑은 도시 가운데 하나다. 1년 강수량이 고작 0.2밀리미터밖에 되지 않아, 차라리 비가 내리지 않는 곳이라고 하는 게 낫다. 세계에는 여러 사막이 있는데 그래도 1년에 100밀리미터 정도는 비가 내린다. 그런데 이곳은 1990년대에 60밀리미터 내린 것이 큰 뉴스가 될 만큼 날씨가 건조하다. 안토파가스타 남쪽의 파라날산(山)에 남반구에서 가장 큰 광학 적외선 천문대인 파라날 천문대가 있다. 이곳에 천문대를

설치한 까닭은 구름이 끼지 않는 맑은 하늘 덕분에 별을 관찰하기 좋은 조건을 갖추고 있어서였다.

안토파가스타가 건조한 이유는 페루 한류와 지형 탓이다. 페루 한류는 '훔볼트 해류'라고도 하는데, 독일의 지리학자 훔볼트가 이곳에서 해류가 기후에 미치는 영향을 밝혔기 때문이다. 만약 안토파가스타 옆으로 차가운 바닷물이 지나가지 않는다면 이 도시에는 인간 생활에 좋은 온대 기후가 나타날 것이다. 폭이 약 900킬로미터인 페루 한류는 남극 대륙 주변을 지나 남아메리카 대륙의 서쪽 해안을 따라 적도 가까이 흘러간 후, 페루 앞바다에서 서쪽으로

세계 최대의 노천 구리 광산인 추키카마타 광산

방향을 틀어 갈라파고스 제도까지 간다.

원래 더운 공기는 위로 올라가고, 차가운 공기는 아래로 내려가는 성질이 있다. 한류의 영향을 받으면 땅 표면의 공기가 하늘의 공기보다 차갑기 때문에 대기가 안정된 상태에 머문다. 아래쪽 공기가 덥고 위쪽 공기가 차가울 때 더운 공기가 상승해서 구름이 만들어지는데, 그 반대로 아래 공기가 더 차면 상승 기류가 만들어지지 않아서 비구름이 발달하지 않는다. 이런 일이 일 년 내내 이어지면 사막이 되는 것이다. 페루 한류도 남아메리카 대륙 서쪽 해안에 아타카마 사막을 만들어 놓았다. 그 사막의 여러 항구 도시 중 하나가 안토파가스타다.

안토파가스타가 건조한 원인은 하나 더 있다. 그것은 안데스산맥을 등진 지형 탓에 생기는 '푄 현상'이다. 우리나라도 봄철 동해안에서 습한 높새바람이 불어와서 태백산맥을 오를 때 비구름을 만들어 영동 지방에 비를 내린다. 그러고 나서 건조해진 바람이 산맥을 넘어 서쪽으로 불어 내려가면서 영서 지방과 경기 지방을 덥게 만든다. 이것이 푄 현상이다. 높새바람이 불면 서울과 경기도 사람들은 5월인데도 더워서 반팔 옷을 입고 다닌다. 이와 같이 대서양을 건너온 습한 무역풍이 안데스산맥을 동에서 서로 넘으면서 안데스산맥 동쪽 지방에는 비를 내리고, 그 너머 서쪽 지방은 고온 건조하게 만든다.

오늘날 이 건조한 도시에 무려 40만 명이 넘는 사람들이 산다.

사막 기후를 가지고 있음에도 도시의 경제 수준은 1인당 소득이 무려 3만 7천 달러로 선진국 수준이다. 이게 가능한 것은 천연자원 덕분이다. 세계 최대의 구리 광산을 비롯해 은, 초석 등 매장된 자원이 풍부하다.

특히 추키카마타 광산은 1990년대까지 세계에서 가장 큰 구리 광산이었다. 이 광산은 광석이 땅 위에 드러나 있어서 개발이 매우 쉬운 노천 광산이다. 본래 이 땅의 주인인 추키족은 유럽인이 침략하기 전부터 구리를 생활에 이용해 왔다. 그러다가 20세기 초에 미국이 대규모로 개발하기 시작한 추키카마타 광산은 매년 구리 65만 톤을 생산하는 세계적인 광산으로 성장했다. 칠레는 오늘날에도 세계 최대의 구리 생산국인데, 그 물량의 25퍼센트가 여전히 안토파가스타의 광산에서 나온다.

나르비크

북극 아래 따뜻한, 야외 스포츠의 도시

노르웨이 북부의 바닷가에 위치한 나르비크(Narvik)는 따뜻한 난류의 영향을 받는 도시다. 나르비크는 세계에서 가장 북쪽에 있는 도시 중 하나다. 위도가 북위 68도로 북극권에 해당한다. 북극권은 북위 약 66도 이상의 고위도 지역이다. 이 도시는 세계에서 가장

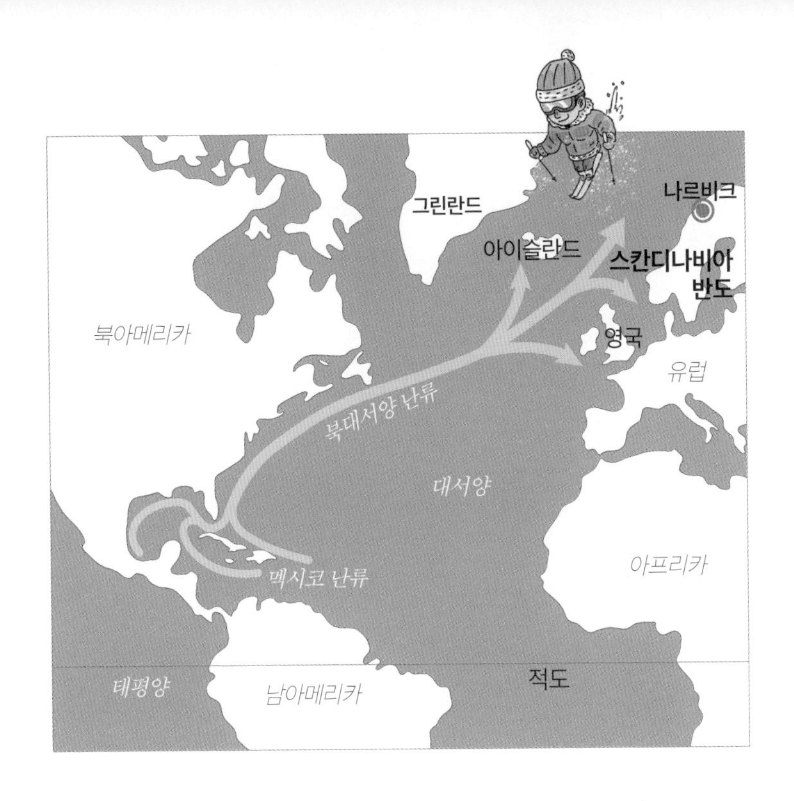

추운 도시인 오이먀콘(북위 63도)보다도 북극에 더 가깝다.

나르비크에는 석기 시대부터 사람이 살았는데, 따뜻한 해류가 흐른 덕분이었다. 아메리카의 멕시코만에서 시작된 멕시코 난류는 미국의 동쪽 해안을 지나며 '북대서양 난류'로 이름이 바뀐다. 멕시코와는 거리가 멀어졌으니 이름이 바뀌는 것이다. 북대서양 난류는 다시 북서유럽으로 방향을 틀어 흘러가는데, 영국과 노르웨이 북쪽 끝까지 흘러서 나르비크에 이른다. 이 난류의 영향으로 영국, 아일랜드, 아이슬란드, 스칸디나비아반도, 네덜란드 등이 우리나라보다 북쪽에 있는데도 평균 기온이 더 높다. 겨울에 영국에서 프로 축구 경기가 열릴 수 있는 것도 북대서양 난류 덕택이다.

나르비크의 여름(6~8월)은 기온이 평균 약 12도 정도로 시원하다. 겨울(11~3월)은 가장 추운 1월이 평균 영하 4도 정도로, 우리나라 서울과 비슷하다. 나르비크는 이런 기후 때문에 북극권에 있으면서도 사람이 살기에 충분한 도시가 되었다.

나르비크에는 오늘날 약 2만 2천 명의 사람들이 살고 있다. 이곳에 본격적으로 사람들이 모이기 시작한 것은 1870년대부터다. 이웃 국가 스웨덴의 키루나에서 철광석이 개발되면서 나르비크가 광물 수출 항구로 선택된 것이다. 스웨덴의 철광석을 왜 노르웨이의 항구를 통해 수출했을까? 그건 키루나 가까운 곳에 스웨덴의 항구가 없기 때문이다. 나르비크는 키루나에서 가깝고 겨울에도 얼지 않는 부동항으로 일 년 내내 이용할 수 있다. 그래서 스웨덴에서 나르비크로 철길을 놓아서 철광석을 수출했고, 지금도 노르웨이뿐 아니라 스웨덴과 핀란드로 오가는 물건들은 나르비크를 통해 운반한다.

나르비크 항은 제2차 세계대전 때에도 중요한 역할을 했다. 1940년에 독일군과 연합군은 서로 나르비크를 차지하기 위해 격렬한 전투를 벌였다. 나르비크 전투는 제2차 세계대전에서 연합군이 이긴 최초의 승리였다. 연합군이 나르비크를 차지함으로써 독일의 병력과 물자 운반을 막을 수 있었다.

나르비크는 야외 스포츠도 발달했다. 경사가 급하고 수심이 깊은 피오르(빙하의 침식으로 만들어진 골짜기에 바닷물이 들어와서 생긴 좁고 긴 만)에서 다이빙을 즐긴다. 또 나르비크를 둘러싼 산에서 스키, 산악자전거, 하이킹을 즐길 수 있다. 노르웨이를 대표하는 알파인 스키장도 나르비크에 있다. 과거 빙하가 녹아서 만들어진 빙하호에는 낚시를 즐기는 사람들이 모여든다. 이처럼 나르비크에서 야외 스포츠가 활발한 것도 북대서양 난류 덕분이다.

마이애미로 고고
홍수의 도시
마이애미
(미국)
이민자
가뭄의 도시
퍼스
(오스트레일리아)
NO
워터파크

무서운 물,
고마운 **물**

마이애미
물과 사람이 밀려드는 도시

마이애미(Miami)는 미국 남동부 해안선에서 오이처럼 툭 튀어나온 플로리다반도 끝자락에 있다. 여름에는 무덥지만 겨울이 건조하고 따뜻한 덕분에 미국에서 추운 겨울을 피하고 싶은 사람들은 마이애미로 몰려든다.

마이애미는 19세기부터 동부 해안을 따라 철도가 놓이면서 도시로 발전하기 시작했다. 지금은 미국 최고의 관광도시이자 버거킹 본사가 있는 도시로 유명하다. 또 마이애미는 카리브해 지역에서 라틴아메리카로 향하는 항공 교통의 중심지이자, 서인도 제도

에서 나는 오렌지, 코코야자 같은 농산물의 집산지이기도 하다.

'마이애미'라는 지명은 이곳에 살았던 아메리카 원주민 종족의 이름이자, 그들의 언어로 '큰 물'이라는 뜻을 지닌 말이다. 그 이름처럼 마이애미는 거의 매년 허리케인으로 홍수가 난다. 허리케인은 적도 주변에서 바닷물 온도가 26~27도에 도달하면 열기를 식히려고 만들어지는 거대한 회오리 비바람이다. 허리케인은 자연의 입장에서는 너무도 당연한 현상이다. 만약 과식을 한 사람이 배가 터질 듯이 아프다면, 그 사람에게는 빨리 소화제를 줘야 한다. 마찬가지로 허리케인은 자연에게 꼭 필요한 소화제다. 만약 마이애미 사람들이 허리케인 없는 세상을 꿈꾼다면 그건 더 큰 재앙을

부르는 기도가 될 수도 있다.

그런데 최근 들어 지구 온난화로 지구의 대기가 열기를 과식하니 자연은 더 강력한 소화제를 만드는 것 같다. 온난화로 해수면이 더 높아지는 동시에 적도 주변 바다에서 더욱 강력한 허리케인이 만들어진다. 실제로 2017년 허리케인 '이르마'는 마이애미를 강타해, 미국에서 일곱 번째로 인구가 많은 도시를 물로 뒤덮어 버렸다. 당시 마이애미의 피해 상황을 분석해 보니, 허리케인이 몰고 온 홍수가 매년 해안에서 내륙으로 더 깊숙이 들어가고 있었다. 이런 현상은 앞으로 더 심해질 것이며, 2080년에 이르면 홍수 때 피난처가 되는 병원이나 학교까지 집어삼킬 것이라고 한다.

마이애미에 밀려드는 것이 또 있다. 바로 사람들이다. 1950년대만 해도 마이애미 전체 인구 중 80퍼센트가 백인이었는데, 지금은 15퍼센트 정도밖에 안 된다. 대신 히스패닉이 홍수처럼 밀려들고 있다. '히스패닉'은 미국에 살면서 에스파냐어를 쓰는 라틴아메리카 사람들을 말하며, '라티노'라고도 한다. 마이애미 인구 중 절반 이상이 가까운 쿠바에서 온 사람들이다. 1959년 카스트로에 의해 쿠바가 사회주의 국가로 바뀌면서 35만 명에 달하는 쿠바인들이 쿠바를 떠나 미국으로 왔고, 현재 약 200만 명의 쿠바인이 미국에서 살고 있다. 쿠바 인구가 1,100만 명인 것에 비하면 엄청난 숫자다. 상황이 이렇다 보니 마이애미에서는 미국인들이 에스파냐어를 몰라서 도리어 차별을 받는다고 한다. 영어를 쓰는 백인이 식당이나 예식장 같은 곳에 일자리를 구하고 싶어도 손님들이 쓰는 에스파냐어를 모르면 취직이 안 된다.

퍼스
메마른 도시의 눈물겨운 물 절약

마이애미는 홍수 피해로 해마다 몸살을 앓는데, 퍼스(Perth)는 가뭄으로 난리다. 오스트레일리아 남서쪽에 있는 도시 퍼스는 금, 다이아몬드, 철광석이 발견되면서 광산 도시로 성장했다. 개발 초기에는 광산에서 일할 노동력이 부족해 유럽에서 죄수들이 이주해 오기도 했지만, 오늘날 퍼스는 인구 약 200만 명으로 오스트레일리아에서 네 번째로 인구가 많은 도시다.

한편 퍼스는 세계에서 가장 외딴곳에 있는 대도시로 알려져 있다. 퍼스에서 가장 가까운 대도시가 2,100킬로미터나 떨어져 있다. 하지만 퍼스의 지리적 위치는 오스트레일리아에 매우 중요하다. 미국의 마이애미가 라틴아메리카 국가들로 통하는 관문이라면, 퍼스는 남아프리카와 동남아시아로 향하는 출발지다.

그런데 최근 퍼스는 메마른 도시가 되었다. 마이애미에는 여름에 주로 비가 오는 데 비해 퍼스는 여름이 사막처럼 건조하다. 그 이유는 퍼스가 아열대 고압대의 영향으로 여름이 건조한 지중

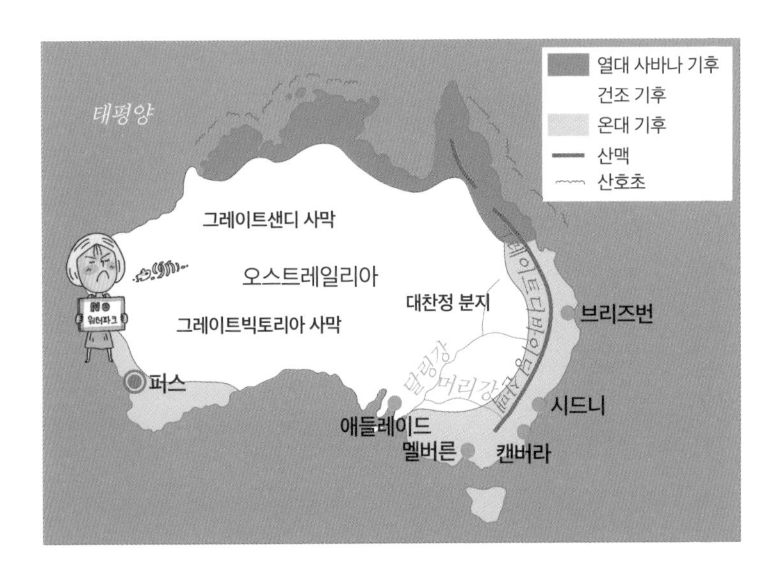

해성 기후를 보이기 때문이다. 지중해성 기후는 지구 전체 육지의 1.7퍼센트에서만 나타날 정도로 세계적으로 희귀한데, 주로 지중해 지역에 나타나기 때문에 그런 이름이 붙었다.

퍼스는 겨울에 비가 내리기 때문에 연 강수량 자체는 약 730밀리미터로, 사막처럼 적은 곳은 아니다. 하지만 인구는 증가하는데 강수량이 줄어들고 있어서 앞으로 10년 안에 물 부족 도시가 될 것이라고 한다. 과거에는 풍족한 수돗물을 이용해서 정원의 꽃과 나무를 가꾸었지만, 이제 그건 과거일 뿐이다. 퍼스에 비가 적게 내리는 원인 역시 온 세계가 고통 받고 있는 지구 온난화 때문이다. 특히 퍼스는 다른 곳에 비해 더 빠른 속도로 메말라 가고 있으며, 오스트레일리아에서도 가뭄 피해가 가장 심각한 지역 중 하나다. 2000년 이후 강수량이 100년 전이나 50년 전과 비교했을 때 25퍼센트밖에 되지 않았다.

그런데 더 큰 문제는 이런 현상이 더 나빠질 것이라는 데 있다. 온실가스가 지금과 같은 정도로 배출될 경우 2100년에는 퍼스 지역의 기온이 4.8도 상승할 것이라고 한다. 그리고 마치 그 예언이 적중이라도 하는 듯 현재 퍼스의 극심한 가뭄은 대형 화재로 이어져 더 깊은 상처를 남기고 있다. 2021년에 퍼스를 포함해 약 17만 제곱킬로미터의 면적이 산불에 휩싸였고, 그로 인해 발생한 연기에 수백 명이 목숨을 잃었다. 이 화재로 지구 온도가 0.06도나 떨어졌다고 한다. 불이 날 때 솟아오른 연기와 재가 하늘을 짙게 가려서 그만큼 일조량이 줄어들었기 때문이다.

퍼스는 1980년대까지만 해도 식수의 65퍼센트를 퍼스 댐에 의존했지만, 현재는 댐 의존도가 7퍼센트까지 줄었다. 나머지 93퍼센트의 물은 해수 담수화 설비와 지하수에서 얻는다. 하지만 이것만으로는 퍼스 시민의 물 공급이 안정적이지 않기 때문에, 지방정부와 기업 그리고 시민들이 힘을 합쳐 이 상황을 극복해 나가고 있다. 먼저 퍼스 정부는 물 절약 정책을 만들어 기업과 개인에게 적극 알렸다. 그 결과 올림픽 수영장 2만 개를 가득 채울 만큼의 물을 절약하는 데 성공했다. 쇼핑센터는 파이프가 새는지 점검해서 물 사용을 10퍼센트 줄이고, 호텔에는 이중 수세식 화장실을 설치해 물을 25퍼센트 절약했다.

퍼스에서 캘굴리로 가는 물 수송 파이프라인

퍼스에서의 물 절약은 이제 생활화되었다. 최근에 퍼스 최대의 테마파크인 어드벤처월드에서 물을 많이 사용하는 놀이기구를 만들었는데, 시민들이 물을 너무 많이 쓰는 것 아니냐며 항의할 정도로 퍼스의 물 관리는 철저하다.

02

인문
지리

인구가
가장 많은 도시
충칭
(중국)
인구가
가장 적은 도시
바티칸
(바티칸시국)
바글
바글
바글
바글

충칭

도시 발전의 원동력, 인구의 힘

중국의 충칭(Chóngqìng) 시는 2022년 기준으로 약 3,200만 명이 사는, 세계에서 인구가 가장 많은 도시다. 도시 하나에 캐나다 인구 전체가 들어가 사는 셈이다. 이 정도면 도시 전체가 콩나물시루처럼 사람들로 빽빽할 것 같지만, 인구밀도가 생각만큼 높지는 않다. 충칭의 면적은 약 8만 2천 제곱킬로미터로, 대한민국의 80퍼센트 정도나 된다. 인구가 많은 만큼 땅도 넓은 것이다. 충칭의 도시화 정도는 베이징이나 상하이에 비해 낮아서, 도심을 벗어나면 여전히 농사를 지으며 사는 사람이 많다.

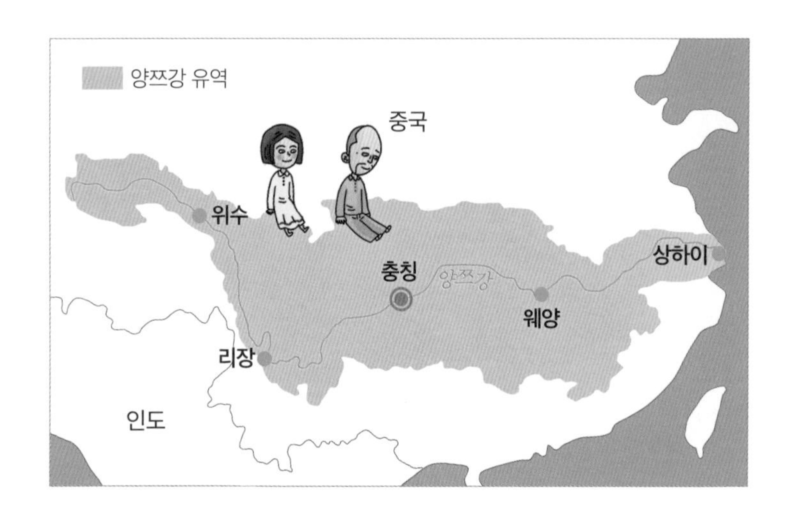

충칭은 과거 중국 서부 지역을 대표하는 중공업 도시였다. 주로 군수 물자를 생산했으나 지금은 자동차, 컴퓨터, 정보통신 같은 첨단산업에 이르기까지 경쟁력을 갖추었다. 특히 노트북과 자동차가 도시의 핵심 산업 중 하나인데, 전 세계 노트북 두 대 중 한 대는 충칭에서 만든 것이다.

충칭이 중국 내륙 깊숙이 들어앉아 있으면서도 지금처럼 발달할 수 있었던 것은 양쯔강을 이용한 물길뿐 아니라 고속철도와 고속도로가 거미줄처럼 연결되어 사방으로 두루 통하기 때문이다. 그리고 많은 인구가 도시 발전의 원동력이 되었다. 본래 인구는 두 얼굴을 갖고 있다. 경제력이 부족한데 인구가 많으면 사회의 짐이 되지만, 경제 능력이 충분하면 사회를 이끄는 힘이 된다. 우리나라가 인구 3천만 명일 때는 산아제한을 했지만 지금은 5천만 명인데

도 출산을 장려하는 것은 그만큼 많은 인구를 먹여 살릴 경제 능력이 좋아졌기 때문이다.

충칭은 인구가 많다 보니 소비 능력도 상하이와 베이징 다음으로 높아 중국에서 3위다. 2021년 충칭의 상품 거래 액수가 우리나라 돈으로 약 203조 원에 이르렀다. 그렇다고 해서 충칭 시민들의 소득이 상하이나 베이징 시민들만큼 높은 것은 아니다. 충칭 시민 한 사람이 쓰는 돈은 상하이와 베이징의 60퍼센트 정도다. 하지만 충칭은 엄청난 인구 덕분에 총 경제력에서 상하이나 베이징에 버금가는 존재가 되었다.

중국을 여행하다 보면 밤 9시가 넘으면 시내라고 해도 대부분 불이 꺼지는데, 충칭에서는 시내를 가로지르는 양쯔강과 자링강변의 화려한 빌딩 숲이 마치 홍콩에 있는 듯한 착각이 들게 한다. 자정이 넘은 시각에도 야외에서 술과 음식을 즐기는 사람들로 충칭의 밤은 떠들썩하다.

바티칸
천국의 문을 여는 열쇠

바티칸(Vatican)은 세계에서 인구가 가장 적은 도시다. 2020년 유엔의 인구 조사 예측에 의하면 바티칸 시민권을 가진 사람은 약

800명 정도다. 그런데 바티칸 시민권을 가진 200명이 넘는 세계 각국의 추기경들은 자기 나라에 살고 있으니, 실제 바티칸에 거주하는 사람들은 800명이 채 안 될 것이다. 바티칸의 면적은 서울 경복궁의 1.3배 정도인 약 0.4제곱킬로미터다. 또한 바티칸도 싱가포르처럼 도시 국가이며, 정식 국명은 바티칸시국(State of the Vatican City)이다.

바티칸은 이탈리아 수도 로마의 테베레강 서쪽 기슭에 있으며,

'바티칸'이라는 이름은 도시가 올라앉은 바티칸 언덕에서 유래했다. 바티칸은 교황이 거주하는 바티칸 궁전을 중심으로, 성 베드로 광장이 있는 남동쪽을 제외하고 중세와 르네상스 시대에 세워진 성벽이 둘러싸고 있다. 이 성벽이 국경 역할을 한다. 광장은 하늘에서 볼 때 천국의 문을 여는 열쇠 모양으로 만들어졌다. 이러한 바티칸은 도시 전체가 유네스코 세계문화유산으로, 성전과 건물들은 물론이고 곳곳에 배치된 조각상을 비롯해 기둥, 장식 하나까지 모두 예술품이다.

바티칸에 사는 사람들은 약 95퍼센트가 남자다. 교황부터 추기경, 대주교, 주교 등 성직자들이 대부분 남자이며, 바티칸의 치안과 교황의 안전을 책임지는 스위스 근위병도 남자다. 바티칸은 1505년부터 스위스 근위병에게 치안을 맡겼는데, 지금도 스위스 근위병들은 미켈란젤로가 디자인한 유니폼을 입고 근무한다.

바티칸의 시민권은 영원한 것이 아니다. 업무 기간이 만료되면 시민권을 반납해야 한다. 그래서 바티칸의 인구는 늘 변한다. 대략 300명에서 많을 때는 1,000명 정도라고 보면 된다. 하지만 실제로 바티칸에 가 보면 이보다 훨씬 많고 다양한 사람들을 만날 수 있다. 해마다 500만 명이 넘는 관광객이 바티칸으로 오고, 이들을 상대로 서비스를 제공하거나 장사를 하는 사람들이 약 3,000명 정도 있기 때문이다. 이들은 대개 바티칸 밖에서 거주하는 사람들인데, 이탈리아 사람들은 바티칸을 드나들 때 비자나 여권을 보여 주지 않아도 된다.

바티칸은 작지만 생활에 필요한 건 다 갖추었다. 빠르고 정확하게 우편물을 전달하기로 유명한 바티칸 우체국이 있고, 그 밖에도 은행, 라디오 방송국, 백화점, 병원 등이 있다. 식재료와 물, 전기 등 생활에 필요한 물품들은 대부분 이탈리아나 다른 나라에서 수입한다.

바티칸의 도시 재정은 전 세계 가톨릭 신자들이 보내는 헌금과 관광 소득으로 충당한다. 바티칸의 인구는 매우 적지만 가톨릭을 믿는 사람들은 전 세계에 약 10억 명이다. 그리고 우표와 기념품 판매, 미술관 입장료, 출판물 판매 등으로 나머지 재정을 메운다. 이렇게 마련한 돈으로 바티칸에서 일하는 3,000여 명의 사람들에게 급여를 주고, 해외에 있는 가톨릭 공관을 유지한다. 이처럼 바티칸의 재정 구조가 특이하기 때문에 바티칸에서는 돈을 벌어도 소득세가 없고, 자금이 들어오고 나가는 데 대한 규제도 없다. 현재는 유로화를 쓰고 있으나 2002년 전까지는 '바티칸 리라'를 독자적으로 사용했다.

2016년 프란치스코 교황이 시리아 난민 아홉 명을 바티칸에 입국시켰다. 중동 분쟁을 피해 온 난민들이다. 교황은 세계 지도자들에게 난민 문제에 나서 달라는 뜻으로 무슬림을 난민으로 받아들인 것이다. 작지만 세계에 울리는 메아리는 그 어느 도시보다도 큰 바티칸이다.

죽은
사람의 도시
콜마
(미국)
공동묘지
콜마에선
살아있는
자체가
대단하다
기념 티셔츠 판매
태어나는
사람의 도시
니아메
(니제르)
응애~
응애~
응애~

삶에서 가장 중요한 두 가지, 탄생과 죽음

콜마

살아 있는 것 자체가 대단한 침묵의 도시

콜마(Colma)는 미국 서부 샌프란시스코에서 남쪽으로 약 19킬로미터 떨어진 작은 도시다. 인구가 2020년 기준으로 1,500여 명에 지나지 않는다. 조금 큰 마을이라고 해도 될 것 같지만, 면적은 무려 서울의 여덟 배가 넘는다. 그런데 더 놀라운 것은 이곳 면적의 약 73퍼센트를 죽은 사람이 차지하고 있다는 사실이다. 약 150만 기에 달하는 무덤이 도시를 채우고 있어서 흔히 콜마는 '영혼의 도시', '침묵의 도시'로 불린다. 콜마는 생겨난 이후로 한 번도 산 사람이 죽은 사람보다 많은 적이 없었다고 한다. '콜마'라는 지명

은 이곳에 살았던 아메리카 원주민의 언어로 '많은 샘'이란 뜻인데, 샘보다 무덤이 많은 곳이다. 이곳 상점에는 "콜마에서 살아 있는 것 자체가 대단하다"라는 문구가 적힌 티셔츠를 판다.

콜마가 죽은 사람의 도시가 된 사연을 알려면 1849년 무렵으로 거슬러 올라가야 한다. 미국 서부에서 금광이 발견되면서 부자가 되기를 꿈꾸는 사람들이 단숨에 샌프란시스코로 몰려들었다.

샌프란시스코는 인구가 수십만 명에 이르는, 미국 서부 지역을 대표하는 도시가 되었다. 하지만 금광을 개발하는 과정에서 많은 사람이 수은 중독과 암반 붕괴 사고로 세상을 떠났다. 샌프란시스코 시는 사망자를 매장하기 위해 공동묘지를 조성했는데, 그렇게 하나둘씩 늘어난 공동묘지가 불과 30년 만에 26곳에 이르렀다. 상황이 이렇게 되자 샌프란시스코 시는 큰 고민에 빠졌다. 시 전체가 공동묘지로 뒤덮일까 봐 걱정되었고, 무엇보다도 서부 최대의 대도시로 발전해서 가치가 높아진 샌프란시스코의 땅을 묘지로 이용하려니 너무나도 아까웠다. 게다가 시민들이 집값과 땅값이 떨어진다고 더 이상의 묘지 조성을 반대했다.

결국 샌프란시스코 시는 너무 많은 공동묘지로 인해 시민들의 정신 건강이 나빠지고 있다며 시내에 시신 매장을 금지했다. 그리고 공동묘지 부지도 허가하지 않았다. 그래서 새로 찾은 땅이 샌프란시스코 남쪽에 있는 콜마였다. 곧이어 1887년 콜마에 최초로 '홀리크로스' 공동묘지가 만들어졌다. 콜마는 샌프란시스코에서 그리 멀지 않았고, 마차가 다닐 수 있는 도로와 철길이 놓여 있었다.

20세기 들어서도 샌프란시스코 인구는 계속해서 늘었다. 그러자 샌프란시스코 시는 기존에 있던 공동묘지까지도 콜마로 옮길 계획을 세운다. 이에 따라 1912년부터 이미 매장된 시신을 콜마로 이장해야 했다. 이 과정에서 샌프란시스코의 여러 공동묘지에 흩

사이프러스 공동묘지

콜마에 있는 이탈리아 묘지의 한 수도승 묘 조각상

어져 있던 15만 구의 시신이 콜마로 모였고, 이전 비용 10달러를 지불할 친인척이 없는 묘지의 시신은 콜마에 만들어진 집단 무덤으로 이장되었다. 이렇게 해서 콜마의 비옥한 평야와 구릉이 한순간에 거대한 공동묘지로 바뀌었다.

콜마에는 유명 인사부터 이름 없는 사람까지 다양한 인물들이 잠들어 있다. '평화의 집' 공동묘지에는 '청바지의 아버지'로 불리는 리바이스 창업자 리바이 스트라우스가 있다. '영원의 언덕' 공동묘지에는 서부 개척 시대의 영웅적인 보안관 와이엇 어프가 있다. '십자가 동산' 공동묘지에는 미국 프로야구 선수이자 배우 마릴린 먼로의 연인이었던 조 디마지오가 있다.

니아메

아이 울음소리가 가장 많이 들리는 곳

콜마가 죽은 사람의 도시라면, 니제르의 수도인 니아메(Niamey)는 태어나는 사람의 도시다. 아프리카는 오늘날 세계에서 가장 빠르게 인구가 늘어나는 대륙이다. 세계에서 인구 증가율이 가장 높은 20개 나라 가운데 19개 나라가 아프리카에 있다. 그것도 사하라 사막 남쪽에 집중되어 있는데, 그중에서도 단연 최고는 니제르다.

최근 10년간 니제르의 합계출산율은 줄곧 약 7명으로 조사되었다. '합계출산율'이란 한 여성이 평생 동안 낳을 것으로 기대되는 평균 출생아 수를 말하는데, 7명은 세계에서 가장 높은 수치다. 2023년 우리나라의 합계출산율이 약 0.7명인 것과 비교하면 니제르의 출산율이 얼마나 높은지 알 수 있다. 니제르가 현재와 같은 출산율을 유지한다면 2050년까지 인구가 지금의 세 배로 늘어 아프리카에서 나이지리아 다음으로 인구가 많아질 것이라고 한다.

니제르는 중위 연령이 15.3세로 젊다 못해 어리다. 그래서 이 나라의 수도 니아메는 세계에서 가장 젊은 도시다. 자세한 통계가 없어서 정확히 알 수는 없지만, 대도시인 니아메의 중위 연령은 15세보다도 더 어릴 것이다. 니제르에서는 농촌의 젊은 사람들이 일자리를 찾아 대도시로 모여들고 있기 때문이다. 이들은 대부분 도시에서 빈곤층이 되는데, 일할 능력이 있어도 일자리가 없다면 가난할 수밖에 없다.

니아메는 자국의 농촌뿐 아니라 주변 국가에서도 사람들이 모여드는 바람에 인구가 더욱 폭발적으로 늘어났다. 하지만 니아메는 그 많은 사람을 먹여 살릴 만한 비옥한 땅과 기후를 가진 도시가 아니다. 이 도시의 북쪽으로 펼쳐진 사하라 사막의 영향으로 니아메는 연 강수량이 500밀리미터 정도인 사헬 지대에 속한다. 사헬은 사하라 남쪽의 초원 지대인데, 이곳은 기후 변화 탓에 극심한 가뭄과 사막화 현상이 일어나고 있다. 니아메는 6~9월에 비가 내리고 나머지 계절은 뜨겁고 건조한 날씨가 이어진다. 그나마 다행

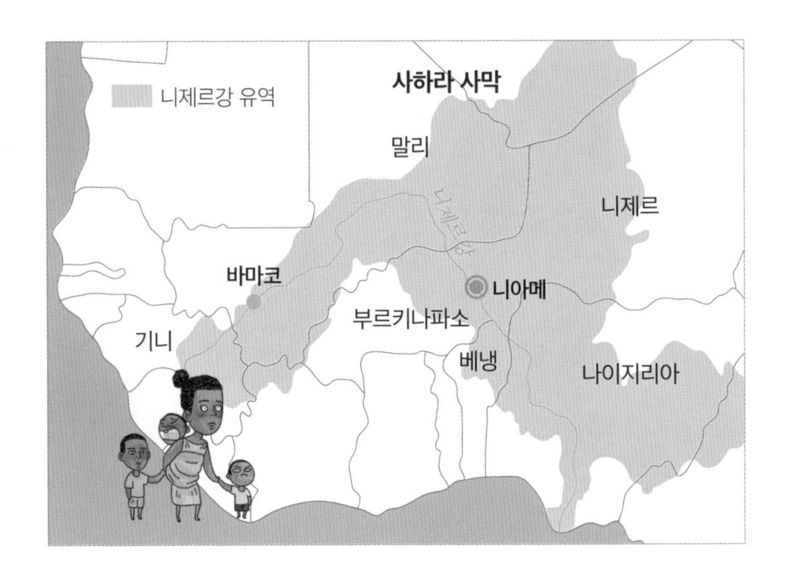

인 것은 이 도시가 니제르강을 끼고 있다는 사실이다. 니제르강은 이 지역에 사는 여러 민족에게는 어머니 같은 존재다. 니아메는 니제르강을 따라 살던 민족들이 모여들어 뒤섞인 용광로 같은 도시인 셈이다.

원래 니아메는 150년 전만 해도 인구가 600명 정도인 작은 시골이었다. 그런데 19세기 말에 이 지역을 식민지화한 프랑스가 이곳에 군사 기지를 세우기에 적합하다고 보고 식민지의 수도로 삼았다. 그러자 니아메의 인구는 단숨에 세 배 이상 늘어나, 프랑스로부터 독립한 1960년대에는 3만 명에 이르렀다. 그리고 독립 국가가 된 뒤로는 수도로서 본격적으로 인구가 증가해 1980년까지 불과 20년 만에 25만 명으로, 여덟 배가 늘었다. 그 뒤로도 니아메

의 인구는 꾸준히 늘어서 다시 20년 뒤에는 80만 명에 이르렀다.

인구가 너무 빠르게 늘어나자 니아메 시는 입주 허가를 받아야만 시에서 거주할 수 있도록 통제했고, 허가증이 없는 사람들은 도시 밖으로 추방했다. 2022년 기준으로 니아메의 인구는 약 130만 명이다. 오늘날 니아메는 너무 많은 인구 때문에 집, 전기, 상수도, 교통 시설 등 모든 것이 부족하다. 일자리를 찾지 못한 사람들은 아예 유럽이나 다른 나라로 나가기도 한다. 어떤 나라들은 이들의 높은 출산율이 부러울 수도 있겠지만, 니아메에서는 시급히 해결해야 할 사회 문제다.

맥주의 도시
뮌헨
(독일)

마시자

취하자

BEER

금주의 도시
아마다바드
(인도)

금주

뮌헨
세계 최대의 맥주 축제, 옥토버페스트

뮌헨(München)은 자랑할 게 너무 많은 도시다. 웅장하고 아름다운 공연장에서 춤과 노래, 연주가 끊이지 않는 예술의 도시이자, 또한 세계에서 두 번째로 책을 많이 출판하는 학문과 지식의 도시다. 하지만 뮌헨은 뭐니 뭐니 해도 맥주의 도시다. 뮌헨은 맥주의 나라 독일에서도 가장 맛있는 맥주를 생산한다.

뮌헨 사람들이 맥주를 즐겨 마시게 된 사연은 도시의 여름 기후와 도시 바닥에 깔린 기반암과 관련이 깊다. 뮌헨에서는 여름 기온이 평균 22도 미만으로 낮아서 추위에 강한 밀이나 보리, 귀리

같은 작물을 주로 재배했다. 게다가 뮌헨은 옛날부터 물이 별로 좋지 않았다. 그 이유는 기반암 중에 석회암이 많기 때문이다. 석회암은 바다나 호수에서 살던 동물의 뼈와 껍질이 쌓여서 만들어진 암석으로, 탄산칼슘이 많이 포함되어 있다. 탄산칼슘은 물에 잘 녹아들어 물을 탁하고 텁텁하게 만든다. 그래서 이곳 사람들은 물 대신 맥주를 즐겨 마시게 되었다.

그럼 맥주의 발상지가 뮌헨일까? 그건 아니다. 맥주가 처음 탄생한 곳은 약 9,000년 전 지금의 이라크 남부에 해당하는 수메르 지방이었다. 학자들은 유프라테스강과 티그리스강이 흐르는 비옥한 초승달 지대에서 만들어진 맥주가 훗날 이집트를 거쳐 유럽으로 전파되었다고 본다. 빵을 만들 때 효모를 사용하는데, 효모를

LÖWENBRÄU
Löwenbräu-FESTKAPELLE
Die Heldensteiner
DIRIGENT
BERT HANSMEIER
Löwenbräu

넣어 반죽하면 맛이 좋아지고 부드러워진다. 이것을 오븐에 구워 내는 것이 빵이고, 굽지 않고 그대로 두면 술이 된다. 옛날 이집트에서 피라미드 공사를 할 때 인부들의 품삯이 빵과 맥주였다. 그러니까 같은 원료로 만든 두 가지 식품을 준 것이다.

그러면 언제부터 맥주 하면 뮌헨을 떠올리게 되었을까? 맥주를 만드는 방법이 지역마다 다양해지면서 무엇이 진짜 맥주인지 시비가 일었다. 이를 해결하기 위해 독일 남부에 위치한 맥주의 본고장 바이에른 공국에서 빌헬름 4세가 맥주를 만들 때 물과 보리, 홉만 사용하도록 법으로 정했다. 이를 '맥주순수령'이라고 한다. 이것이 독일 맥주의 맛이 지금까지 유지되는 비법이다. 그런데 바이에른 공국이 있던 자리가 지금의 바이에른주이고, 바이에른주의 중심 도시가 뮌헨이다.

매년 가을이면 뮌헨에서 세계 최대의 맥주 축제인 옥토버페스트가 열린다. 축제의 규모로 보면 세계에서 다섯 손가락 안에 든다. '옥토버페스트'란 '10월(옥토버)에 열리는 축제(페스트)'라는 뜻인데, 9월 말에서 10월 초에 16일 동안 열린다. 예부터 뮌헨에서는 새 맥주를 담기 전에 오래된 맥주를 마시는 풍습이 있었다. 1810년 10월, 바이에른의 황태자 루트비히 1세와 작센의 공주 테레제가 결혼식을 올렸다. 그때 넓은 잔디밭에서 경마 경기가 열렸는데, 그 잔디밭이 오늘날 옥토버페스트의 축제장이 되었다.

축제가 시작되면 축구장 43개만 한 축제장에 각 맥주 회사들이 천막을 치고 춤과 노래 공연을 펼치면서 맥주를 판다. 축제 기간에 팔리는 맥주의 양은 무려 600~700만 리터에 이른다. 뮌헨 사람들은 맥주와 함께 이 고장의 전통 음식인 하얀 소시지를 먹는데 꼭 낮 12시 이전에만 먹는다. 이는 냉장고가 생기기 전에 소시지를 오래 보관하지 못한 데서 시작된 전통이다. 소시지는 주로 겨자나 갓 구워 낸 브레첼과 곁들여 먹는다.

아마다바드

우리는 술을 마시지 않습니다. 딸꾹?!

아마다바드(Ahmadabad)는 우리에게 약간 생소하지만 인도에서 600년 넘는 역사를 지닌 대도시다. 지금은 힌두교 사원이 많지만 고대 무굴제국 때는 이슬람의 도시였다. 그래서 지금도 도시 곳곳에 15세기 무렵 지어진 이슬람 건축물들이 남아 있다. 보존 상태도 좋아서 인도 최초로 도시 전체가 유네스코 세계문화유산으로 지정되었다.

뮌헨이 술의 도시라면 아마다바드는 금주의 도시다. 보통 이슬람 국가들은 술을 금지하는 경우가 많다. 하지만 인도는 힌두교 국가이고, 많은 도시에서 사람들이 편하게 술을 마신다. 그런데 아마다바드에서는 술을 먹지 못하게 한다. 그것은 바로 인도 독립의 아

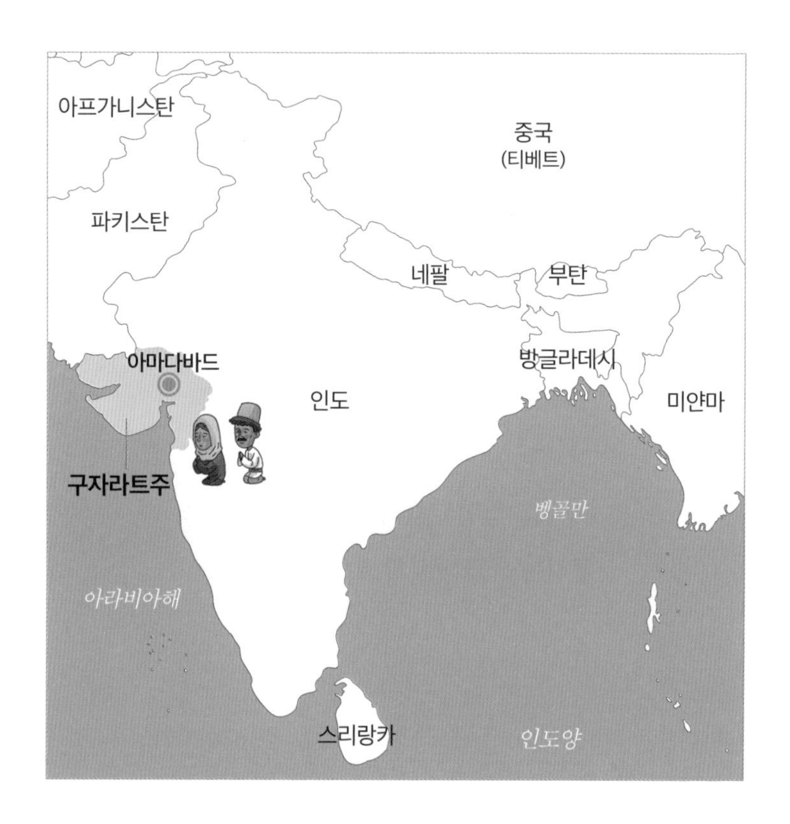

버지 마하트마 간디와 관련이 있다.

인도에서 성인으로 존경받는 마하트마 간디는 아마다바드의 가장 큰 자랑이다. 이 도시는 간디의 고향이자 비폭력주의의 중심지였다. 간디가 긴 밤을 고민하며 편지를 썼던 곳도, 직접 옷을 만들어 입기 위해 물레를 돌렸던 곳도 아마다바드다. 간디는 외세를 몰아내는 것보다 인도 내부의 개혁이 더 필요하다고 생각했기에 문맹 퇴치를 위해 학교를 세웠다. 또 선진국에 의존하지 않고 의식

인도 독립의 아버지 마하트마 간디 동상(사바르마티 아슈람)

주를 스스로 해결하자며, 매일 30분씩 물레를 돌려 실을 뽑아냈다.

비폭력주의 운동의 상징인 '소금 행진'도 아마다바드에서 시작됐다. 인도에서 생산되는 소금에 세금을 부과하는 영국의 소금법에 반대하기 위해 간디는 40도가 넘는 살인적인 더위 속에서 무려 380킬로미터를 걸었다. 소금 행진은 불과 70여 명으로 시작되었지만, 도착지에 도달할 무렵에는 무려 6만 명이 간디의 뒤를 따랐다. 소금 행진은 인도 독립을 향한 중요한 첫걸음이었고, 간디는 이를 통해 '위대한 영혼의 소유자'라는 뜻의 '마하트마' 칭호를 받

아마다바드에서 두 번째로 큰 호수, 칸카리아 호수

았다.

간디는 독립운동의 한 가지 방법으로 금주를 강조했다. 그는 술에 매기는 막대한 세금이 영국으로 빠져나가는 상황에서, 음주를 버려야 할 나쁜 습관으로 여겼다. 노동자와 농민들이 술을 많이 마셔 건강을 잃고, 술값으로 재산을 낭비하는 것도 안타까웠다. 아마다바드는 이러한 간디의 생각에 따라 술을 마시지 못하도록 법을 정했다. 지금도 인도에서는 간디의 생일인 10월 2일에는 전국에서 술을 팔지 않고, 술 마시는 것을 자제한다.

그렇다고 아마다바드에서 술을 전혀 구할 수 없는 것은 아니다. 사업 목적으로 들어온 외국인이나 여행객들은 술을 살 수 있다. 이는 금주에 적응하는 기간을 주는 것인데, 1년 동안 한 달에 맥주 52캔까지 허용한다. 하지만 맥주 1캔에 붙는 세금이 우리 돈 3,000원 정도로 비싸기 때문에, 이 도시에 정착할 생각이라면 술을 끊는 게 좋다. 대신 금주의 도시답게 아마다바드는 비교적 질서 있고 안전한 편이다.

한편 술을 못 먹게 하는 것이 비민주적이라며 비판하는 여론도 만만치 않다. 게다가 역설적이게도 이 도시의 성인 가운데 3~4퍼센트가 알코올 중독 환자다. 경찰이 술 마시는 사람을 완벽하게 잡아낼 수는 없다. 술을 팔지 않으니 몰래 술을 만들기도 한다. 이렇게 불법으로 만든 술을 잘못 마시고 목숨을 잃는 사고도 끊이지 않고 일어난다.

겨울 관광도시
하얼빈
(중국)
찰칵
여름 관광도시
마르델플라타
(아르헨티나)
야호!!

지구 정반대, 두 도시의 휴가법

하얼빈

세계 3대 겨울 축제, 얼음축제의 도시

하얼빈(Hārbīn)에서는 매년 1월이면 전 세계에서 사람들이 모여든다. 바로 빙등제를 보기 위해서다. 하얼빈의 빙등제는 일본 삿포로 눈축제, 캐나다 퀘벡의 윈터 카니발과 함께 세계 3대 겨울 축제로 꼽힌다.

빙등제가 열리는 기간에는 밤 기온이 영하 30도까지 내려간다. 그래도 많은 사람이 거리로 나와 하얀 눈 위에 색색 가지 빛이 수를 놓는 광경을 구경한다. 이렇게 말하면 하얼빈의 밤거리를 걷고 싶어질 텐데, 영하 30도는 상상하는 것보다 훨씬 더 추운 기온이

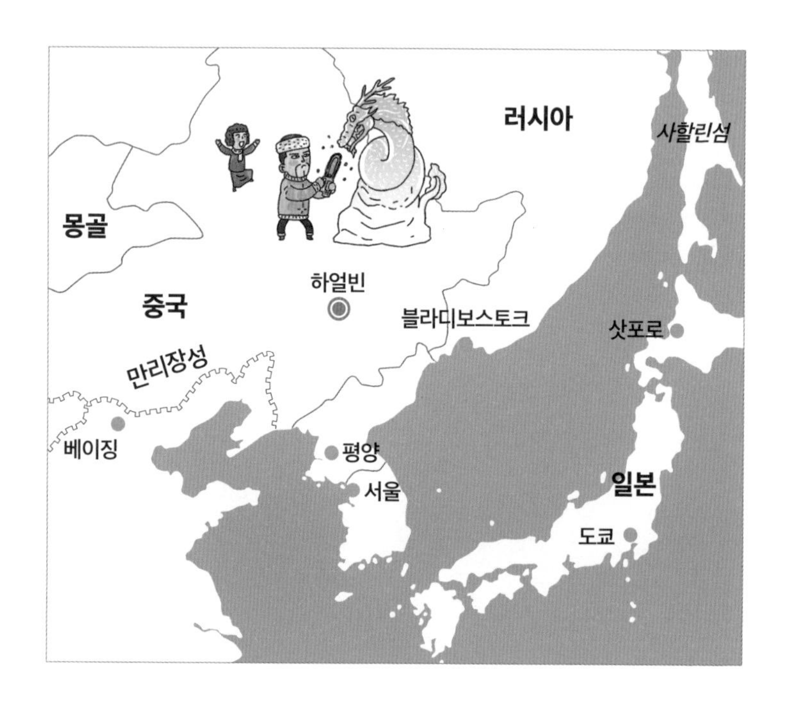

다. 시내를 돌아다니는 하얼빈 사람들을 보면 대부분 옷을 여러 겹 입어서 굼떠 보인다. 장갑이나 모자는 말할 것도 없고 내복과 신발 안쪽에도 털이 달렸다. 그러나 아무리 빵빵하게 옷을 껴입어도 집 밖에서 한두 시간만 돌아다니면 얼굴 피부는 딱딱하게 굳고 감각도 무뎌진다. 그래서 살 물건이 없고 배고프지 않아도 백화점이나 음식점으로 들어가 추위를 피할 수밖에 없다.

하얼빈에서 빙등제를 보려면 우선 찾아가는 곳이 중앙대가 거리다. 중앙대가는 하얼빈의 대표 관광지로, 약 1.5킬로미터 길이의 거리를 화강암으로 깔았다. 무수한 발걸음에 닳고 닳아 반질반질

해진 돌바닥을 보면 120년의 도시 역사가 고스란히 느껴진다. 도로 옆에는 호텔이나 식당, 상점으로 쓰이는 러시아식 건물이 줄지어 있어서, 왜 하얼빈을 '동양의 모스크바'라고 부르는지 알 수 있다. 중앙대가를 지나 쑹화강의 타이양섬에 들어가면 화려한 빙등제 전시장이 나타난다. 이곳의 얼음은 하얼빈을 따라 흐르는 쑹화강에서 잘라 온다. 백두산에서 발원하여 하얼빈을 지나는 쑹화강은 11월이면 꽁꽁 얼어서 빙등제에 쓸 단단한 얼음을 선물한다. 빙등제를 위해 약 1만 명이 두 달 동안 얼음을 잘라서 옮기고 조각한다. 작품 소재를 보면 주로 자금성이나 백악관같이 세계적으로 유명한 건축물이나 용과 호랑이 등이다.

하얼빈은 원래 '그물을 말리는 곳'이라는 뜻을 가진, 쑹화강변의 작은 어촌이었다. 하얼빈이 도시로 성장하기 시작한 것은 19세기 말부터였다. 당시 러시아는 시베리아 횡단 철도를 블라디보스토크까지 연장하기 위해 동청철도를 건설하면서 하얼빈에 도시를 세웠다. 러시아는 하얼빈을 기지로 삼아 북만주와 한반도까지 점령하려는 야심을 품고 있었다. 이처럼 하얼빈은 도시가 생길 때부터 러시아가 깊숙이 개입했는데, 도시 계획부터 자신들의 수도였던 상트페테르부르크를 본떴다. 그런데 굴러들어온 돌이 박힌 돌을 빼내려고 했는지 러시아인들은 영원히 하얼빈에서 살 것처럼 러시아식 학교를 짓고, 러시아 정교회 성당과 가톨릭 성당, 개신교 교회까지 운영하는 등 하얼빈을 러시아의 도시로 만들어 갔다.

하얼빈의 성 소피아 성당

그러나 러일전쟁(1904~1905년)에서 러시아가 패하면서 하얼빈은 영국, 프랑스, 미국에서 사람들이 모여드는 국제도시로 탈바꿈했다. 물론 러일전쟁 이후에도 러시아 사람들은 하얼빈으로 쉬지 않고 몰려들었다. 특히나 1917년 러시아 혁명으로 난민이 된 약 20만 명의 러시아 사람들(혁명 세력에게 패한 반혁명 세력)이 하얼빈으로 들어왔다. 당시 하얼빈은 러시아가 아닌 곳에서 러시아 사람들이 가장 많이 사는 도시였다.

하얼빈은 또한 1909년 안중근 의사가 이토 히로부미를 처단한 곳으로, 우리에게 꼭 한 번은 가 보고 싶은 도시다. 빙등제가 열리는 자오린 공원은 중국의 항일 영웅 리자오린을 기념하는 장소로서 옛 이름은 하얼빈 공원이다. 안중근 의사는 뤼순 감옥에서 사형을 앞두고 유언을 남겼는데, 이토 히로부미를 처단하기 직전에 거닐었던 하얼빈 공원에다가 자신의 시신을 묻었다가 고국이 독립하면 고향 땅에 다시 묻어 달라는 것이었다.

마르델플라타
은빛 바다를 보며 즐기는 여름 휴가

위도를 기준으로 하얼빈의 지구 정반대편 남반구 지점은 바다인데, 그 지점에서 가까운 곳에 세계적인 여름 휴양지 마르델플라타(Mar del Plata)가 있다. 축구의 신 메시와 탱고로 유명한 아르헨티나의 도시다. '마르델플라타'라는 지명은 에스파냐어로 '라플라타 분지의 은빛 바다'라는 의미인데 '마르'는 바다, '플라타'는 은이다.

마르델플라타는 지구상에서 하얼빈의 반대편에 있으면서도 냉대 기후가 아닌 온대 기후가 나타난다. 보통 중위도에서 북반구와 남반구는 계절만 반대일 뿐 대체로 비슷한 위도라면 비슷한 기후

가 나타난다. 예를 들어 온대 기후인 여수의 지구 반대편에 있는 몬테비데오(우루과이)도 온대 기후이고, 북극과 남극은 모두 한대 기후다. 겨울이 춥고 긴 냉대 기후는 대륙이 바다보다 더 빨리 차가워지는 성질 때문에 나타난다. 마르델플라타가 냉대 기후가 아닌 이유는, 남반구에서 냉대 기후가 나타나야 할 위도 대에 대륙이 거의 없고 바다로 덮여 있기 때문이다.

과거 마르델플라타는 바닷가 시골 마을에 불과했다. 농사를 지

어도 농작물을 대도시나 유럽으로 운송할 수 있는 교통로가 없었다. 그러다가 수도인 부에노스아이레스로 향하는 철도가 놓이면서 농산물과 수산물을 공급하는 도시로 발전했다. 그 후 냉동 기술이 발달하면서 팜파스 초원에서 기른 소와 양 고기를 유럽까지 신선하게 수출할 수 있게 되었다. 팜파스 초원이 유럽인들의 식량 창고로 알려지자 유럽에서 많은 사람이 몰려들었다. 그리고 더 많은 양의 소고기와 양털, 밀, 콩, 수산 가공물 등을 생산하게 되었고, 물이 부족한 곳까지도 관개 시설을 설치해 농경지를 확대했다.

과거의 마르델플라타가 농업과 목축, 수산업이 중심이었다면 오늘날의 마르델플라타는 관광도시로 탈바꿈했다. 이미 오래전부터 여름이면 부에노스아이레스의 부유층 사람들이 8킬로미터에 이르는 아름다운 해변과 쾌적한 날씨를 즐기기 위해 휴가를 오곤 했다. 지금은 매년 800만 명이 방문하는 세계적인 휴양지로서 아르헨티나의 진주로 불린다.

하얼빈에서 빙등제가 한창일 때, 지구 반대편의 마르델플라타에서는 수많은 관광객이 바다에서 수상스키를 타고 해안절벽에서 패러글라이딩을 즐긴다. 기후의 차이가 만들어 내는 두 도시의 휴가 모습이 이렇게 다르다.

사막의 유흥 도시
라스베이거스
(미국)
올인!
사막의 유령 도시
콜만스코프
(나미비아)

사막에 피어오른 욕망의 신기루

라스베이거스

화려한 '대박'의 꿈이 어른거린다

라스베이거스(Las Vegas)는 에스파냐어 '라스베가스'의 영어식 표현으로 '초원'이라는 뜻이다. 과거 멕시코 땅이었던 이곳은 사막이지만 지하수가 풍부해서 초원이 형성되었다. 라스베이거스는 모하비 사막에 있다. 모하비 사막은 비그늘 지역에서 발달한 사막이다. 서쪽에서 불어오는 습한 바람이 시에라네바다산맥을 타고 위로 올라가면서 산 경사면(바람받이사면)에는 비를 뿌리고, 산을 넘은 후에는 건조한 바람이 되어 비그늘사면에 사막을 만들었다.

사막이 도시로 발달하기 시작한 것은 1936년에 후버댐이 완공

되어 물과 전기를 공급하면서부터다. 하지만 물과 전기가 있다고 해서 사람들이 갑자기 우르르 몰려들지는 않는다. 당연한 것이 그곳은 사막이 아닌가? 그래서 미국 정부는 도박을 이용해서 사람들을 끌어 모았다. 우리나라에서 폐광 도시로 몰락해 가던 강원도 정선군 사북읍에 카지노를 만든 것도 라스베이거스에서 실마리를 얻었다고 한다. 다른 도시에서는 불법인 도박이 라스베이거스에서는 1931년에 합법화되어 미국 최초로 카지노 호텔이 문을 열었다. 사람들은 라스베이거스를 '죄의 도시(sin city)'라고 불렀다. 불법은 아니지만 일반적으로 금기 사항인 도박으로 운영되는 도시라서 붙은 별명이다.

라스베이거스가 세계 최고의 화려한 도박 도시로 탈바꿈한 데는 억만장자 하워드 휴즈의 몫이 컸다. 휴즈는 영화사와 항공사를 운영할 만큼 대단한 부자였지만, 대인기피증 때문에 자신이 살던 캘리포니아를 떠나 영국, 바하마, 캐나다 등을 떠돌며 지냈다. 그는 사람들의 눈을 피해 몰래 이동하고, 타인과 접촉하는 대신 연구에 몰두했다. 하지만 지나친 약물 복용으로 정신이상 증세를 보이기도 했다. 그럼에도 휴즈는 타고난 사업가였다. 그는 라스베이거스에서 휴가를 보내다가 이곳을 고급스러운 도박의 도시로 바꾸기로 마음먹었다. 당장 땅을 사들여 최고급 호텔을 지었다. 휴즈의 카지노가 라스베이거스의 돈을 끌어 모으자, 원래 터를 잡고 있던 마피아들이 불만을 갖기 시작했다. 하지만 유명 정치인들과도 가깝게 지내는 휴즈를 어떻게 할 수는 없었다.

라스베이거스가 속한 네바다주는 야구, 복싱 등 미국인이 좋아하는 스포츠에 배팅이 허용된다. 배팅도 하나의 도박이기 때문에 법으로 허락하는 주에서만 가능하다. 특히 미국프로풋볼(NFL)에 배팅하는 것은 2018년까지 유일하게 라스베이거스에서만 허용되었다. 따라서 매년 슈퍼볼이 열릴 때면 배팅을 하려고 모여드는 사람들로 라스베이거스의 호텔이 가득 찬다. 2022년 풋볼 챔피언 결정전인 슈퍼볼 경기에 3,000만 명 이상이 배팅에 참여했다. 배팅 금액은 무려 10조 3,000억 원에 이르렀다.

라스베이거스는 전 세계에서 돈 많은 사람들이 모이고 세계의

VENETIAN
CAESARS PALACE

BALLYS
CVS
JERSEY BOYS

눈길이 집중되는 곳이어서 광고 효과가 매우 크다. 그만큼 광고 비용도 엄청난데, 슈퍼볼 같은 대형 이벤트가 있을 때는 광고비가 1초에 1억 원이 넘는다. 이때는 마이크로소프트, 구글, 아마존, 삼성, 현대 같은 거대 기업들이 서로 자기네 광고를 넣으려고 경쟁한다.

뜻밖에도 라스베이거스의 호텔과 뷔페는 좋은 시설에 비해 무척 저렴하다. 왜 그럴까? 다름 아니라 밤이 너무나도 화려한 까닭에 호텔 방에 들어앉아 있는 사람이 별로 없기 때문이란다.

콜만스코프

다이아몬드 외에는 아무것도 없던 곳

콜만스코프(Kolmanskop)는 아프리카 나미비아에 있는 해안 도시다. 바닷가지만 모래로 덮인 사막이다. 이곳이 사막이 된 까닭은 해류 때문이다. 나미비아 옆으로 벵겔라 한류가 흐르는데, 한류는 해안가 주변의 땅을 차갑게 만들어 공기가 상승하는 것을 막기 때문에 그 지역은 구름이 잘 만들어지지 않아 건조한 땅이 된다. 나미비아가 있는 나미브 사막은 세계에서 가장 오래된 사막으로 알려져 있다. '나미브'는 '아무것도 없다'는 뜻이다.

120여 년 전, 나미비아에서 처음으로 다이아몬드가 발견되었

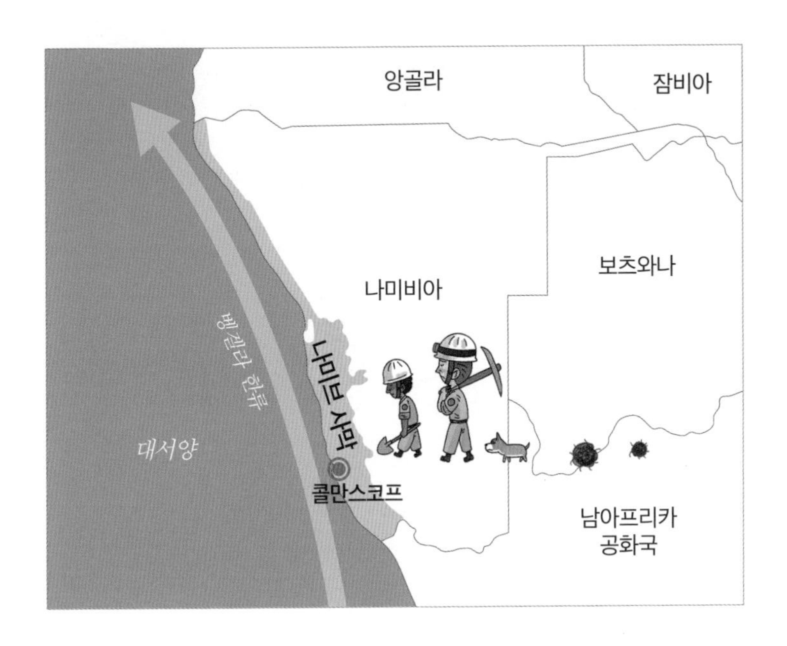

다. 그러자 삽시간에 나미비아로 유럽인들이 몰려들었다. 이곳의 다이아몬드는 채굴량이 그리 많지는 않았지만, 다른 어느 곳보다도 순도가 높은 고급품이었다. 그것도 깊은 땅이 아니라 바닷가 모래 속에서 찾을 수 있었다. 땅속의 암석에 단단히 붙어 있던 다이아몬드가 흐르는 지하수에 쓸려 바닷가에 드러난 것이다.

나미비아로 온 유럽인 중에는 독일인이 가장 많았다. 그중에 다이아몬드 탐사 면허를 가진 아우구스트 스타우흐라는 사람이 있었다. 그는 사람들에게 모래에서 빛나는 돌을 찾아오라고 시켰는데, 한 광부가 콜만스코프의 해변에서 작은 다이아몬드를 발견했다. 스타우흐는 즉시 근처의 땅을 사들였고, 그 사실을 독일에

STOP

알렸다. 그 다이아몬드가 진품으로 판명되자 독일 정부는 광부들을 콜만스코프로 파견했다. 이때부터 콜만스코프에는 깔끔한 독일식 주택들이 들어섰고, 카지노와 스포츠 경기장까지 갖춘 번듯한 도시가 탄생했다.

돈이 넘쳐나자 멀고 먼 사막에까지 유럽의 유명한 오페라 가수와 음악가들이 찾아와 공연을 했다. 또한 놀랍게도 아프리카의 무명 도시인 이곳에 당시 유럽에서도 보기 드문 엑스선 검사소가 설치되었다. 이는 광부들의 건강을 위해서이기도 했지만, 광부들이 혹시 삼켰을지도 모르는 다이아몬드를 찾는 목적이 더 컸다. 그뿐만 아니라 콜만스코프에는 유럽에서나 볼 수 있던 트램(전차)이 1908년에 아프리카 최초로 놓였다. 그러자 가까운 항구 도시 뤼데리츠로 손쉽게 오갈 수 있게 되었다. '콜만스코프'라는 도시 이름은 이때 만들어진 기차역 이름인 '콜만'에서 따왔다.

도시의 영광은 생각보다 짧았다. 제1차 세계대전 때까지 콜만스코프에서 거의 1톤에 달하는 다이아몬드가 채굴되었는데, 그게 매장량의 거의 전부였다. 다이아몬드가 바닥나자 광부들이 하나둘씩 도시를 떠나갔다. 그러면서 집과 가구를 그대로 남겨 두었고, 텅 빈 집과 도로는 바람에 날려온 모래에 파묻혔다.

그렇게 세상에서 잊혔던 콜만스코프가 다시 사람들의 관심을 받기 시작했다. 한 관광업체가 이곳으로 여행객들을 데리고 와서, 모래로 뒤덮인 텅 빈 도시를 탐험하게 했다. 여행객들은 감탄사를 터트리며 사진을 찍고 동영상을 촬영했다. 유령 도시의 사진과 동영상이 인터넷을 타고 세상에 알려지자, 세계 곳곳에서 콜만스코프를 찾는 사람들이 생겨났다. 특히 독일인들이 많았다. 그렇게 콜만스코프가 관광지로 알려지면서 사람들은 모래 더미를 치우고 집과 상점들을 새로 단장해 여행객을 맞았다. 지금은 매년 약 4만 명의 여행객이 콜만스코프를 찾는다. 라스베이거스에서 화려하고 요란한 재미를 느낄 수 있다면, 콜만스코프에서는 오래된 창문턱에 쌓인 모래 알갱이에서 100년 전 다이아몬드를 찾아다닌 이들의 삶을 그려 보게 된다.

모험의 도시
퀸스타운
(뉴질랜드)
명상의 도시
리시케시
(인도)

모험과 명상 사이, 지금 우리에게 필요한 것은?

퀸스타운

여왕의 도시에서 푸른 호수로 뛰어드는 짜릿함

'퀸스타운(Queenstown)'이라는 이름을 가진 도시는 영국의 지배를 받았던 캐나다, 오스트레일리아, 남아프리카공화국 등 여러 곳에 있다. 뉴질랜드에도 퀸스타운이 있다. 높은 산으로 둘러싸인 맑은 호수의 풍경이 영국 빅토리아 여왕에게 어울린다고 하여 퀸스타운이 되었다.

뉴질랜드 원주민 마오리족은 자신의 땅을 '아오테아로아'라고 불렀다. '길고 흰 구름'이라는 뜻이다. 아마도 뉴질랜드 남섬의 긴 산줄기에 쌓여 있는 만년설을 표현한 것 같다. 퀸스타운은 뉴질랜

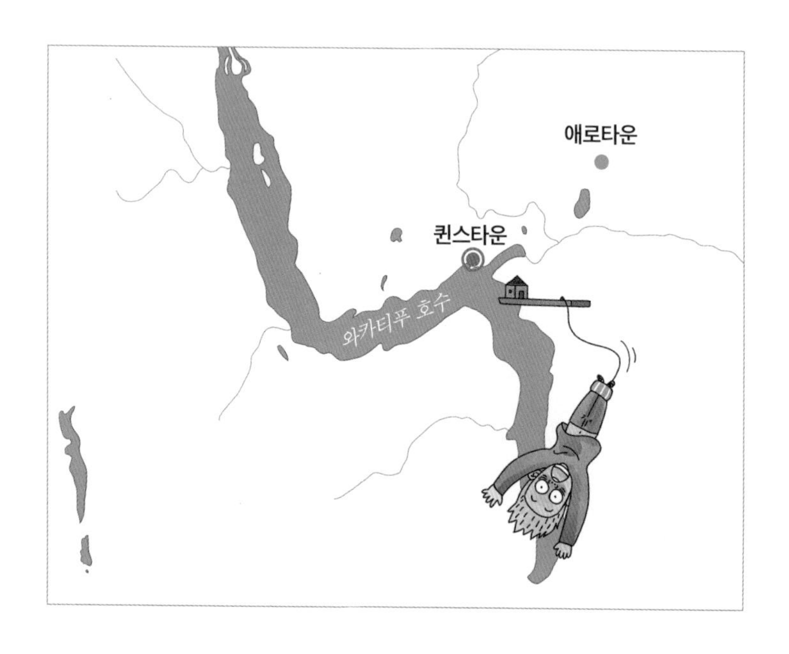

드 남섬에 있으며, 해발 2,343미터의 리마커블산과 길이가 약 80킬로미터에 이르는 와카티푸 호수를 따라 발달한 도시다. 와카티푸 호수는 손가락처럼 좁고 길게 생겼다. 과거에 산 사이를 메웠던 빙하가 흘러내리면서 골짜기를 U자 모양으로 깊이 파 놓았는데, 거기에 얼음 녹은 물이 고여 호수가 되었다. 보통 빙하가 파 놓은 U자곡은 수심이 깊고 경사가 급한 것이 특징인데, 이 호수도 수심이 300~400미터에 이른다.

퀸스타운은 19세기에 애로타운에서 무려 100킬로그램짜리 금덩이가 발견되면서 소문을 듣고 모여든 사람들로 골드러시를 이루었다. 광산을 중심으로 마을이 생겼는데, 땔감을 얻기 위해 나무

와카티푸 호수

를 베다 보니 호수 주변의 산이 모두 민둥산으로 변해 버렸다. 그러나 차츰 금 생산이 줄어들면서 사람들이 떠나갔다. 퀸스타운의 관리들은 고민 끝에 아름다운 자연 속에서 즐기는 모험 스포츠를 관광 상품으로 개발했다. 그 결과 인구 3만 명의 작은 도시 퀸스타운에 매년 100만 명이 넘는 여행객이 찾아오고, 시민의 90퍼센트가 관광업에 종사하게 되었다.

퀸스타운에서 번지 점프, 스카이다이빙, 암벽 등반, 산악자전거 등 모든 모험을 다 경험하려면 반년은 머물러야 한다는 이야기가 있다. 그중에서도 번지 점프가 유명하다. 번지 점프는 태평양의 섬나라 바누아투의 성인식에서 비롯했다. 이곳에서는 성인이 되기 위해 소년들이 35미터나 되는 높은 나무에서 뛰어내리는 용기를 보여야 한다. 이때 '번지'라는 덩굴 식물의 줄기를 다리에 묶고 뛰어내린다. 이를 본 해킷이라는 뉴질랜드 사람이 1987년에 파리의 에펠탑 110미터 지점에서 직접 뛰어내려 전 세계적으로 큰 화제가 되었다. 그는 곧바로 경찰에 붙들려 갔지만, 에펠탑에서 떨어지는 해킷의 모습이 방송을 타고 전 세계로 퍼져 나갔다. 해킷은 이듬해 고향인 퀸스타운으로 돌아와 카와라우강에 놓인 43미터 높이의 다리에 점프대를 설치해 세계 최초로 번지 점프 사업을 시작했다. 해마다 많은 여행객이 찾아왔는데, 지금까지 카와라우 다리에서 무려 50만 명 이상이 뛰어내렸다.

강 아래에도 제트 보트를 즐기는 사람들의 함성이 끊이지 않는다. 와카티푸 호수의 물이 동쪽으로 흘러 카와라우강을 이루는데 그 위를 제트 보트가 날듯이 달린다. 모험 스포츠에서 빠질 수 없는 것이 스카이다이빙이다. 4,500미터 상공까지 경비행기를 타고 올라가서 와카티푸 호수를 향해 수직 낙하하는 순간에는 긴장감이 최고로 높아진다. 그래도 다행인 것은 혼자가 아니라 낙하 조교와 함께 떨어진다는 점이다. 퀸스타운은 여전히 현기증이 날 만큼 짜릿한 모험 스포츠를 개발한다. 또 어떤 새로운 놀거리가 퀸스타운으로 사람들을 불러들일까?

리시케시

비틀스와 스티브 잡스가 사랑한 도시

리시케시(Rishikesh)는 세계에서 가장 험준한 히말라야산맥의 남쪽 기슭에 자리 잡은 자그마한 도시다. 리시케시에는 인도인들에게 '어머니의 강'으로 불리는 갠지스강이 흐른다. 갠지스강 하면 흔히 사람들이 탁한 강물에 들어가서 목욕과 기도를 하는 모습을 떠올리지만, 리시케시는 맑은 상류 지역에 있다. 해가 좋은 날이면 푸른 언덕이 강물에 비쳐 반짝이는 풍경을 볼 수 있다.

리시케시는 명상과 요가의 본고장이다. 언덕의 숲에, 그 아래로 흐르는 강가에 사원과 요가원이 늘어서 있다. 수행자들은 그곳

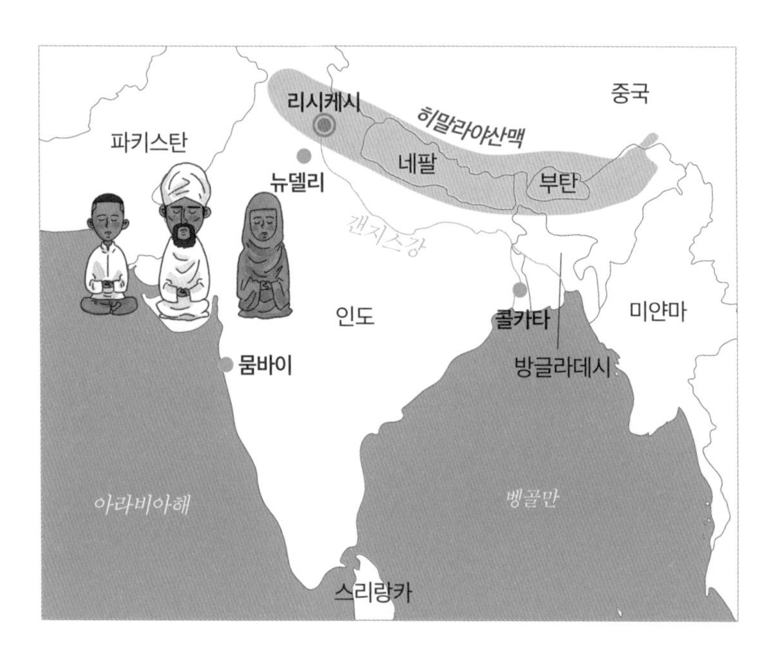

에서 명상과 요가를 즐긴다. 수행자가 아니어도 몸이 아프거나, 마음이 지쳤거나, 요가 사업을 준비한다거나 하는 다양한 목적으로 사람들이 모여든다.

리시케시가 요가의 본고장으로 유명해진 것은 영국의 전설적인 그룹 비틀스 덕분이다. 비틀스는 그들의 노래가 세계적으로 히트하면서 왕도 부럽지 않아 보였다. 하지만 늘 좋은 일만 있지는 않았다. 1967년 비틀스가 믿고 의지해 온 매니저 브라이언 엡스타인이 세상을 떠났다. 게다가 더 좋은 노래를 만들어야 한다는 생각에 비틀스 멤버들은 정신적으로 크게 고통 받았다. 그때 비틀스 멤버들이 지친 몸과 마음을 이끌고 찾은 곳이 바로 리시케시였다. 그들은 리시케시에서 팝스타가 아닌 수행자가 되었다. 더 채우기 위함이 아니라 비우기 위한 두 달간의 삶을 살았다. 비워야 다시 채워지듯 명상을 통해 덜어내는 시간 동안 음악적 영감이 다시 채워졌다. 리시케시에 다녀온 뒤 비틀스는 다시 왕성한 활동을 시작할 수 있었다. 또한 수행하는 비틀스의 모습이 전 세계로 퍼져 나가자 리시케시는 세계인에게 요가와 명상의 본고장이 되었다. 그때부터 수많은 사람이 리시케시를 찾았는데, 그중에는 애플 창업자 스티브 잡스도 있었다.

리시케시에서는 명상과 요가 수업이 수준별로 이뤄진다. 명상이나 요가를 배우고 싶다면 하루나 일주일 정도의 체험 과정, 몇 달에 걸친 고급 과정 등 원하는 코스를 선택하면 된다. 그런데 리시케시에서는 술과 고기를 못 먹게 되어 있다. 그래서 육식을 좋아하는 사람은 좀 곤란할 수도 있겠다.

현대인은 무엇보다도 명상이 필요하다. 특히 우리나라 사람들은 더 그런 것 같다. 어린아이부터 어른까지 모두 경쟁을 거치고 나면 더 치열한 경쟁이 기다리고 있는 삶을 산다. 리시케시를 찾았던 어느 한국인이 이런 글을 남겼다. "나는 고향을 떠나 서울에 왔다. 도시에서 몇 년 사는 동안 밥을 먹어도 배가 고프고, 집에 있어도 집에 가고 싶었다. 이런 게 도시의 외로움일까? 마음이 공허하면 자주 그러는 것 같다." 이처럼 마음이 지친 사람들은 리시케시에 가 보라고 권하고 싶다.

과거의 도시
마추픽추
(페루)
미래의 도시
네옴
(사우디아라비아)

사라지거나 태어나거나, 도시는 흐른다

마추픽추

어느 날 갑자기 도시가 사라졌다!

마추픽추(Machu Picchu)에는 과거 번성했던 도시의 흔적만이 남아 있다. 이 도시가 어떤 모습이었는지 정확히 알기는 어렵다. 하지만 구석구석을 뜯어보면 마추픽추에 살았던 잉카인의 생활과 과학 기술 수준에 놀라게 된다.

아메리카 대륙은 유럽인들이 들어가기 전까지는 석기 시대였다. 많은 사람들이 석기 시대에는 지금과 비교도 안 될 정도로 낮은 의식과 기술을 가진 사람들이 살았을 것으로 생각한다. 하지만 잉카인은 태양과 별의 움직임을 읽어 생활에 이용할 줄 알았고, 해

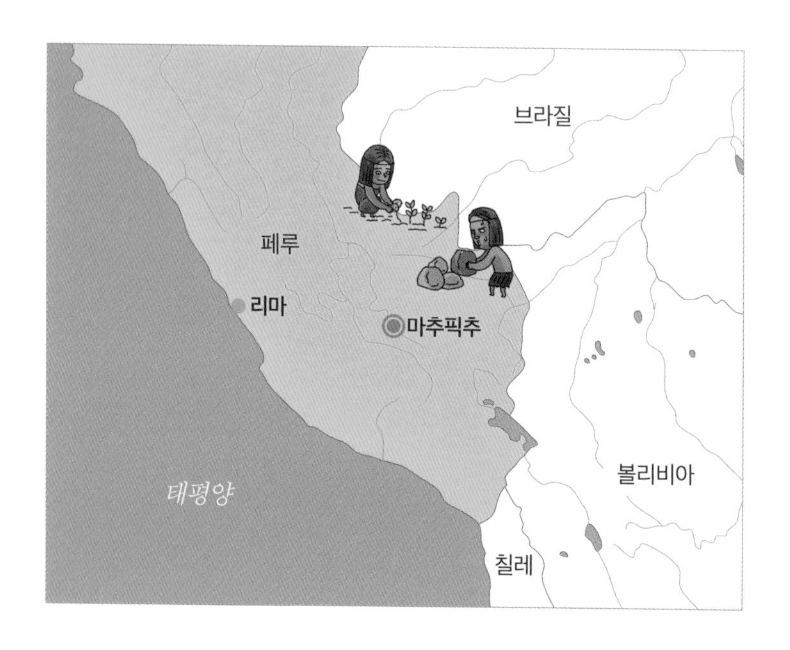

시계를 이용해 하루의 시간을 나누어 사용할 줄 알았다. 그들은 태양이 북쪽과 남쪽에 의자를 가지고 있다고 믿었다. 태양이 남쪽 의자에 위치하는 하지 때 새해가 시작된다고 보았다. 잉카인의 놀라운 능력은 더 있다. 당시 건축 연장이 지금처럼 발달하지 못했을 텐데도 신전과 성벽에 쓰인 돌은 톱으로 자른 듯 잘 다듬어져 있다. 얼마나 정교하게 맞춰져 있는지 종이 한 장 끼워 넣을 틈도 없는데, 돌의 표면을 젖은 모래로 비벼서 매끄럽게 갈았기 때문이다.

1535년 잉카제국이 멸망한 뒤 마추픽추는 무려 380년 가까이 바깥세상에 알려지지 않았다. 오를 엄두조차 나지 않는 험준한 봉우리와 깊은 골짜기가 가로막고 있었던 덕분이었다. 그런데 왜 해발고도 2,300미터의 고원, 그것도 절벽과 협곡으로 가려진 곳에 도시를 만들었는지는 아직 정확히 알려지지 않았다. 단지 몇 가지 주장이 있다. 먼저 아마존 밀림에 거주하는 세력이 잉카제국의 수도 쿠스코를 공격하지 못하게 막기 위해 쿠스코와 아마존 사이에 요새 도시를 건설했다는 것이다. 또는 태양신의 처녀 '아크야'를 위한 도시라거나 황금의 도시 '빌카밤바'였다, 종교 의식과 천문 관측을 위한 성지였다, 잉카 왕의 여름 별장이었다는 등 여러 가지 주장이 분분하다.

분명한 것은 마추픽추가 우연히 만들어진 도시가 아니라는 점이다. 전문가들은 도시의 위치가 철저한 계획에 따라 정해졌다고 한다. 마추픽추 앞에 솟은 뿔 모양의 봉우리 와이나픽추는 잉카인에게 신과 같은 존재였다. 이 봉우리는 앞에서 보면 신성한 동물로 여겼던 퓨마처럼 보이며, 왼쪽에 있는 작은 봉우리들은 하느님의 신하인 콘도르가 날고 있는 모습과 닮았다.

마추픽추는 정교하게 다듬은 돌로 만들어졌는데, 그중에서 동글동글한 돌들은 600미터 아래의 골짜기에서 채취한 것으로 보인다. 돌이 동글동글한 것은 거친 계곡물에 표면이 부드럽게 깎였기 때문이다. 운반 도구도 제대로 없던 시절, 돌을 짊어지고 깎아지른 산비탈을 오른 잉카인의 인내심이 느껴진다. 놀라움은 여기서 끝나지 않는다. 서 있지도 못할 정도의 가파른 비탈을 평평하게 깎아서 만든 계단식 밭에 옥수수와 감자를 재배했다. 집도 아무 곳에나

지은 게 아니다. 도시 곳곳에 공동 마당을 두고, 그 주위에 집이 열 채씩 무리 지어 있다. 지붕은 고산 지대에 자라는 짚(이추)으로 덮었다. 도시를 지을 때 가장 큰 고민은 식수나 농사에 쓸 물을 구하는 일이었는데, 돌로 수로를 만들어 지하수를 끌어왔다.

그런데 이 신비의 도시가 어느 날 갑자기 사라졌다. 사람들은 잉카제국을 침략한 에스파냐 때문이라고 생각했다. 하지만 마추픽추는 1553년 잉카제국이 멸망하기 전에 이미 텅 비어 있었다. 전문가들은 다른 부족에게 공격을 받아 주민들이 몰살당했을 거라고 추측한다. 실제로 잉카인은 전쟁에서 승자가 패자를 몰살시키는 풍습이 있었다. 또 다른 가능성은 전염병이다. 1911년 미국인 교수 하이럼 빙엄이 마추픽추를 발견했을 때, 수백 년 전에 죽은 여자의 두개골에서 전염병을 앓은 흔적을 찾아냈다.

오늘날 마추픽추는 수많은 관광객이 찾아오는 세계적인 유적지다. 오랫동안 텅 비어 있던 곳에 사람이 너무 많이 오다 보니 이제는 유적이 훼손될 위험이 커졌다. 그래서 페루 정부가 관광객 수를 제한하려고 하자, 마추픽추 인근 주민들은 관광객이 줄면 생계에 타격을 받는다며 정부 대책에 반대했다. 그래서일까? 과거의 도시 마추픽추는 여전히 살아 숨 쉬는 현재의 도시로 느껴진다.

네옴

석유의 나라가 꿈꾸는 '탄소 제로' 도시

사우디아라비아는 석유로 부자가 된 나라지만, 석유 없는 세상에 대비하는 도시를 건설하고 있다. 바로 네옴(Neom)이다. 이 도시가 들어설 지역은 텅 빈 땅에 도로 한 줄만 지나가는 허허벌판이다. 도시를 건설할 계획이 없었다면 그나마 도로가 깔리지도 않았을 것이다. 네옴은 2030~2040년 완공을 목표로 전 세계 내로라하는 건설 회사의 기술을 총동원하는 대규모 프로젝트다. 총사업비가 우리 돈으로 무려 680조 원에 이른다.

네옴은 '더 라인'(주거 구역), '옥사곤'(산업 구역), '트로제나'(관광 구역) 세 영역으로 이루어진다. 그중에서 사람들을 놀라게 하는 것은 더 라인이다. 더 라인의 건설 계획을 들어본다면 대부분 고개를 절레절레 흔들 것이다. 네옴은 우리가 흔히 생각하듯이 평평한 땅에 상업 시설이 들어서고 근처에 주거지가 자리 잡는 수평 도시가 아니다. 좁은 면적에 건물이 하늘로 높이 치솟아 있는 수직 도시다. 일단 높이 500미터짜리 초고층 건물 두 개가 200미터 폭으로 나란히 건설된다(롯데월드타워의 높이가 550미터다). 마치 거대한 은젓가락 두 개를 사막에 꽂은 모습이다. 그런데 이 젓가락 두 개가 높이와 폭을 그대로 유지한 채 직선으로 뻗어 간다. 그 거리가 장장 170킬로미터에 달한다. 이것은 서울에서 강릉까지 롯데월드타

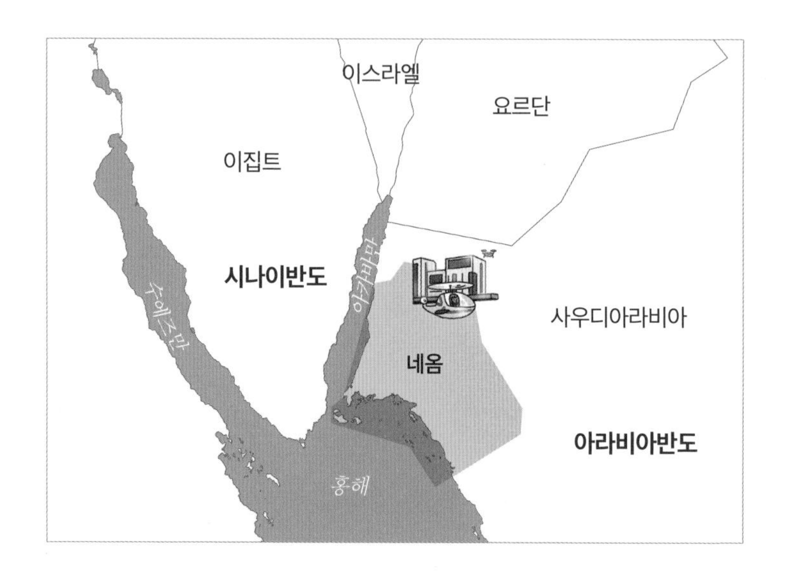

워 높이의 건물이 두 줄로 이어지는 것을 생각하면 된다. 하늘에서 보면 사막에 거대한 직선을 두 줄 그어 놓은 모습일 것이다.

네옴은 왜 이렇게 수직형 구조로 계획되었을까? 수직형 구조의 도시는 좁은 면적을 이용하기 때문에 그만큼 이동 거리가 짧고, 자연 파괴도 적다. 계획대로라면 걸어서 10분 거리 안에 병원, 상점, 학교, 경찰서, 사무실이 있다. 사람들은 수직·수평으로 연결된 엘리베이터를 타고 이동한다. 만약 70층 주민이 옆 구역의 50층에 간다면 굳이 1층까지 내려올 필요 없이 50층으로 내려와서 수평 엘리베이터를 이용하면 된다. 그러니 자동차도 필요 없다. 대신 지하에서 고속철도가 170킬로미터를 20분 만에 달리고, 하늘에는 에어택시가 날아다닌다.

친환경 도시를 꿈꾸는 네옴의 조감도

네옴은 '탄소 제로 도시' 즉, 석유나 석탄 같은 화석연료를 쓰지 않는 도시를 꿈꾼다. 사막의 뜨거운 태양과 바람을 이용해 생산한 태양열, 태양광, 풍력, 그린수소(신재생에너지를 이용해 만든 수소) 등 대체에너지만 쓰겠다는 것이다.

하지만 걱정하는 목소리도 있다. 네옴은 사우디아라비아의 수도 리야드에서 1,000킬로미터 이상 떨어져 있고, 다른 도시와도 수백 킬로미터씩 떨어져 있다. 따라서 도시가 완성되어도 900만 명이나 되는 사람들이 이곳으로 이주할지 의문이다. 또 건물이 너무 높아서 해가 들지 않는 저층에는 서민들이 살고 부자들만 고층에 산다면, 네옴은 수직 구조 자체가 빈부의 격차를 드러내는 도시 경관이 될 수도 있다. 무엇보다도 높이 500미터에 길이 170킬로미터인 두 개의 건물이 실제로 지어질 수 있을지부터가 의문이다. 비용뿐만 아니라 10~20년으로 계획한 건축 기간 안에 완공할 수 있을지도 알 수 없다.

의문은 더 이어진다. 네옴은 식량을 자급자족한다는데, 수직 농업과 온실만으로 900만 명이 먹을 식량이 나올까? 소와 닭 등 가축은 또 어떻게 기를 것인가? 무엇보다도 중요한 것은 물이다. 물을 얻기 위해서는 바닷물에서 소금기를 없애는 담수화 시설이 필요한데, 아직까지 담수화 시설에 재생에너지를 사용해 성공한 적이 없다. 결국 물을 얻기 위해 엄청난 양의 화석연료가 쓰이게 될 것이라는 말이다. 마지막으로 아주 오랜 기간에 걸쳐 네옴을 건설하는 과정에서 발생하는 탄소가 영국에서 1년 동안 내뿜는 탄소량의 네 배나 될 것이라고 하니, 미래 도시 네옴은 친환경과는 거리가 멀다는 지적이다.

03
NO
POLICE
흑인
자유

지리의 꿈, 힘, 상상

대통령의 도시
워싱턴디시
(미국)
당선
왕의 도시
반다르스리브가완
(브루나이)

국민이 가장 행복한 정치제도는 무엇일까

워싱턴디시

세계에서 처음으로 대통령을 뽑은 도시

워싱턴디시(Washington D.C.)는 세계 최초의 대통령이 탄생한 도시다. 240여 년 전, 영국의 식민 지배로부터 독립한 북아메리카 13개 주의 대표들은 어떤 나라를 만들지 고민했다. 왕이 지배하는 나라를 만든다면 영국 왕 조지 3세 같은 독재자가 다시 나타나 국민을 괴롭힐 수도 있었다. 또한 혈통으로 지배자가 정해지는 왕정 체제는 독립 국가를 세우려는 본래 뜻과 맞지 않았다. 그리하여 '프레지던트'라는 지배자를 만들어 냈다. 13개 주를 대표하는 연방 의회에서 '회의를 주관하는 자'라는 의미로 의장을 프레지던트

(President)라 부르고, 국가 원수의 호칭으로 삼았다.

프레지던트에게는 왕에 버금가는 권력이 주어지는 대신 임기를 4년으로 정했다. 그리하여 1789년, 국민이 뽑은 미국의 제1대 대통령이자 세계 최초의 대통령에 조지 워싱턴이 당선되었다. 그리고 그의 이름은 수도의 이름이 되었다. 당시 미국인들은 대통령을 '폐하'라고 불렀는데, 아마도 대통령을 선거로 뽑힌 왕 정도로 생각했던 것 같다.

당시 대통령은 임기가 정해져 있지만 선거에 당선되기만 하면 몇 번이고 이어서 할 수 있었다. 하지만 조지 워싱턴은 두 번에 걸쳐 8년 동안만 재임했다. 많은 사람들이 그가 대통령으로서 더 일해 주기를 바랐지만 스스로 그 자리에서 내려왔다. 그 이유는 독재를 막고, 민주주의 전통을 만들어야 한다는 그의 신념 때문이었다. 그래서 미국은 지금도 대통령의 임기가 4년 중임제로 정해져 있다.

워싱턴디시는 미국의 수도지만 인구 약 70만 명으로 중간 정도 크기의 도시다. 이곳을 중심으로 형성된 수도권 전체 인구를 포함하면 600만 명이 넘는 대도시권이지만, 워싱턴디시만큼은 큰 도시가 아니다. 그런데 지도에서 워싱턴디시의 위치를 보면 미국의 한복판이 아닌 동부에 치우쳐 있다. 과거 교통이 불편했던 시절에 수도는 보통 국토의 중앙에 두는 경우가 많았는데 이상한 일 아닌가. 사실 영국으로부터 독립할 때는 워싱턴디시도 국토의 중

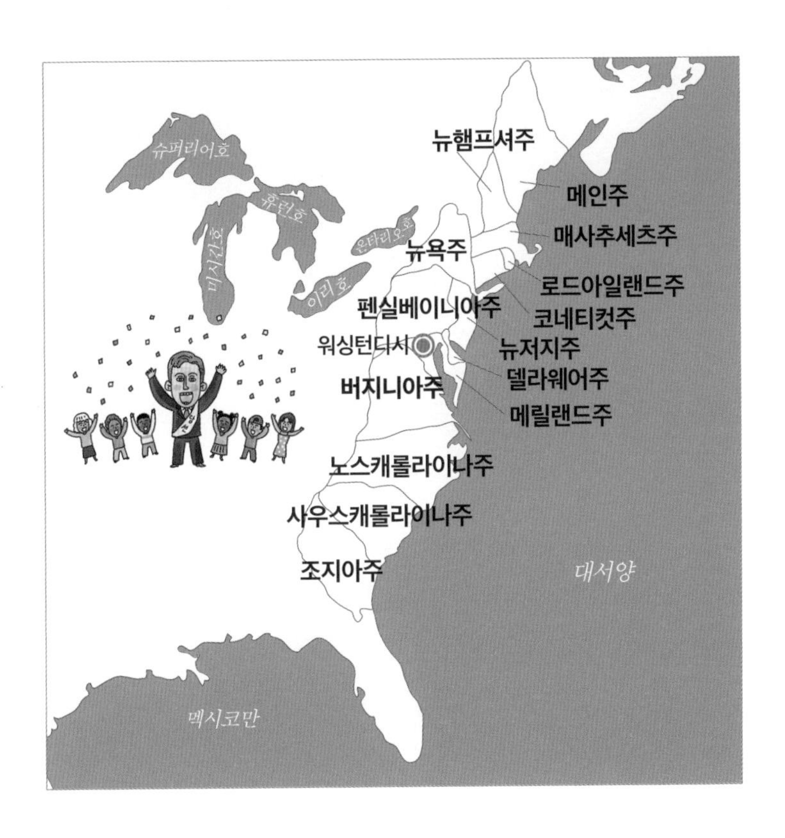

앙에 있었다. 당시 미국은 동부를 중심으로 한 13개 주뿐이었고, 영토도 지금보다 훨씬 좁았다. 따라서 그때는 워싱턴디시가 서로 사이가 나빴던 남부 지역과 북부 지역의 중간에 위치했고, 그 어떤 주에도 속하지 않았다.

미국의 흑인들에게 워싱턴디시는 한때 '초콜릿 시티'로 불렸다. 흑인의 인구 비율이 높기 때문이다. 남북전쟁(1861~1865년) 때 도시 인구가 6만 명에서 12만 명으로 급증했는데, 당시 많은 흑인

워싱턴디시의 백악관 전경

들이 노예 해방에 찬성하는 북부를 지키려고 워싱턴디시로 이주해 왔다. 그리하여 워싱턴디시는 인종 차별이 없거나 드문 도시가 되었고, 1970년에는 흑인 비율이 71퍼센트까지 늘어났다. 지금은 도시의 땅값과 집값이 비싸지면서 가난한 흑인들이 다른 지역으로 많이 떠나갔는데, 그래도 아직 도시 인구의 절반 정도는 흑인이다. 워싱턴디시에는 지금도 마틴 루터 킹 목사가 "나에게는 꿈이 있습니다"라고 외친 명연설의 울림이 남아 있다.

워싱턴디시는 하나의 큰 공원처럼 느껴지는 아름다운 계획 도시다. 백악관과 국회의사당을 중심으로 도로가 사방으로 뻗어 있고, 도시 전체가 탁 트여 있다. 땅이 원래 평평한 데다 높은 건물을 짓지 않았기 때문이다. 워싱턴디시에는 40미터 높이로 11층 정도의 건물만 지을 수 있는 고도 제한법이 있다. 이는 제3대 대통령 토머스 제퍼슨의 뜻이었다. 그는 워싱턴디시의 모습이 낮은 건물 사이로 바람이 잘 통하고 복잡하지 않은 프랑스 파리 같기를 원했다. 그런데 고도 제한법에는 또 다른 숨은 뜻이 있다. 국민의 대표인 국회를 존중하기 위해 워싱턴기념탑(높이 160미터)보다 더 높은 건물을 못 짓게 하기 위해서다.

반다르스리브가완

왕이 세뱃돈을 준다고?

반다르스리브가완(Bandar Seri Begawan)은 동남아시아의 작은 왕국 브루나이의 수도다. 브루나이는 현재 하사날 볼키아 국왕이 50년 넘게 통치하고 있으며, 왕의 동생들이 장관 자리에 앉아 있다. 세계에서 세 번째로 큰 섬인 보르네오섬 북부에 있는 브루나이는 넓이가 서울의 아홉 배 정도로 작은 나라지만, 석유와 천연가스가 많아서 국민소득이 약 3만 달러로 높다. 반다르스리브가완은 '화려한 성자의 항구'라는 뜻이다. 과거에는 '반다르브루나이'('브루나이강의 도시'라는 뜻)라고 불렸는데, 1984년 영국으로부터 브루나이 독립을 이끈 술탄 오마르 알리 사이푸딘 3세를 기념하기 위해 도시 이름을 바꾸었다.

브루나이의 국왕(술탄)은 이 나라에서 나오는 모든 석유의 주인이다. 그래서 엄청난 부자인데, 그 돈으로 학교 등록금을 전액 면제해 주고 학생에게 용돈 30만 원, 책값 40만 원을 준다. 유학을 가고 싶다면 역시 지원해 준다. 매년 1달러만 내면 의료 서비스를 받을 수 있으며, 새해에는 국왕에게 세배하러 온 국민들에게 세뱃돈 100만 원을 나누어 준다. 공무원에게는 4년마다 가족 여행 경비를 지급한다. 이 도시의 시민들은 보통 한 집에 자동차를 4대씩 갖고 있다. 여기서는 자동차를 사면 일정 금액을 나라에서 지원해

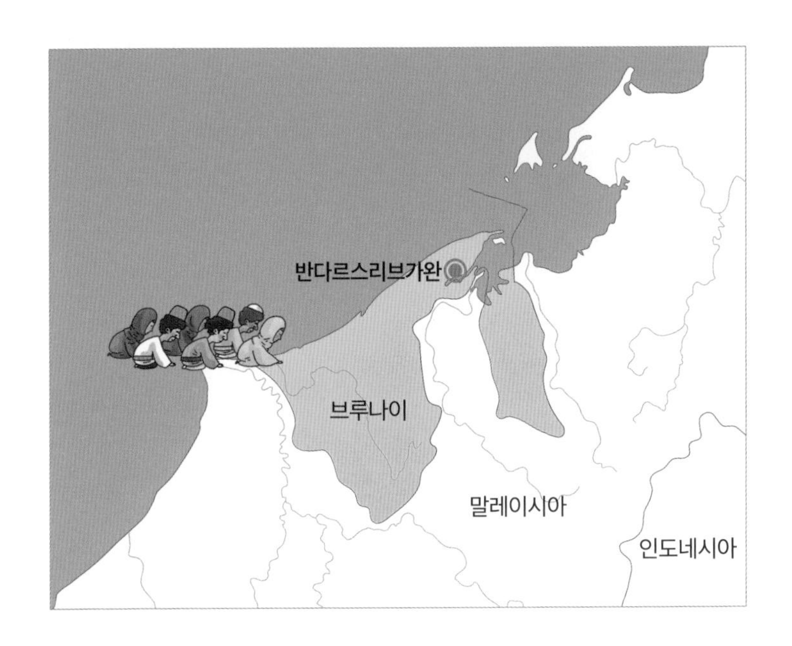

준다. 물론 세금도 없고, 기름값도 싸다.

하지만 이 도시에는 다른 나라 사람들이 보기에 상상을 초월하는 법이 존재한다. 술을 마시거나 담배를 피우면 곤장을 맞고, 물건을 훔치면 손을 자른다. 종교적 통제가 엄격해서 크리스마스 파티를 열면 최대 5년 동안 감옥에 갈 수도 있다.

반다르스리브가완은 왕국의 수도답게 도시 곳곳에 왕의 권위가 서려 있다. 우선 국가의 상징인 왕궁은 방이 1,788개이며 폴로 경기장과 축구장을 갖추고 있다. 왕궁은 1년에 한 번, 라마단(금식 기간) 이후 3일 동안 문을 여는데, 이때는 왕이 아이들에게 용돈을 주고 함께 기념사진을 찍는다. 도심에는 브루나이 최대의 모스크

자메 아스르 하사날 볼키아 모스크

(이슬람 사원)인 '자메 아스르 하사날 볼키아 모스크'가 있다. 제29대 왕인 하사날 볼키아 국왕의 즉위 25주년을 기념해 건립되었다. 그래서 첨탑이 29개이고, 25톤의 황금을 녹여 만들어서 멀리서도 번쩍번쩍 빛난다.

반다르스리브가완이 왕과 왕족만을 위한 도시인 것 같지만 꼭 그렇지는 않다. 여기에는 세계 최대의 수상마을 캄풍아예르가 있다. 캄풍아예르는 브루나이가 생겨난 근원지로, 현재의 도심이 형성되기 전까지 브루나이를 대표하는 주거지였다. 지금도 수만 명이 캄풍아예르에 살고 있는데, 이곳의 수상가옥은 우리가 상상하는 소박한 대나무 집이 아니다. 현대식 공법으로 지어진 집 안에는 텔레비전, 냉장고, 세탁기 같은 가전제품이 두루 갖추어져 있다. 집과 집 사이는 나무 통로로 이어져 있으며, '워터택시'라고 불리는 소형 보트가 대중교통 역할을 한다.

민주주의가 지구에서 가장 좋은 제도라고 생각했는데, 이 도시를 보면 꼭 그렇지도 않은 것 같다. 왕이 있는 도시든 대통령이 있는 도시든, 국민이 행복하면 그게 최고 아닐까?

백인
흑인
자유
분리의 벽을
없앤 도시
소웨토
(남아프리카공화국)
분리되기를
원하는 도시
퀘벡
(캐나다)
캐나다
퀘벡
독립

평등과 **자유**를 향한 **길**

소웨토

"자유가 지배하게 하라"

남아프리카공화국의 소웨토(Soweto)는 대한민국의 광주처럼 민주주의를 상징하는 도시다. 소웨토의 역사는 인근의 대도시 요하네스버그와 깊은 관련이 있다. 19세기에 요하네스버그에서 금광이 발견되자 세계 여러 나라로부터 수십만 명의 사람들이 모여들었다. 그중 흑인, 인도인, 동남아시아인이 광부로 일했다. 요하네스버그가 대도시로 성장하자 1930년대 당시 백인들로 구성된 남아프리카공화국 정부는 요하네스버그의 변두리 지역에 흑인들만 모여 사는 거주지를 조성해 백인과 분리시켰다. 이 흑인 집단 거주 지역

FNB
FNB
FNB

소웨토 지역의 올랜도 타워

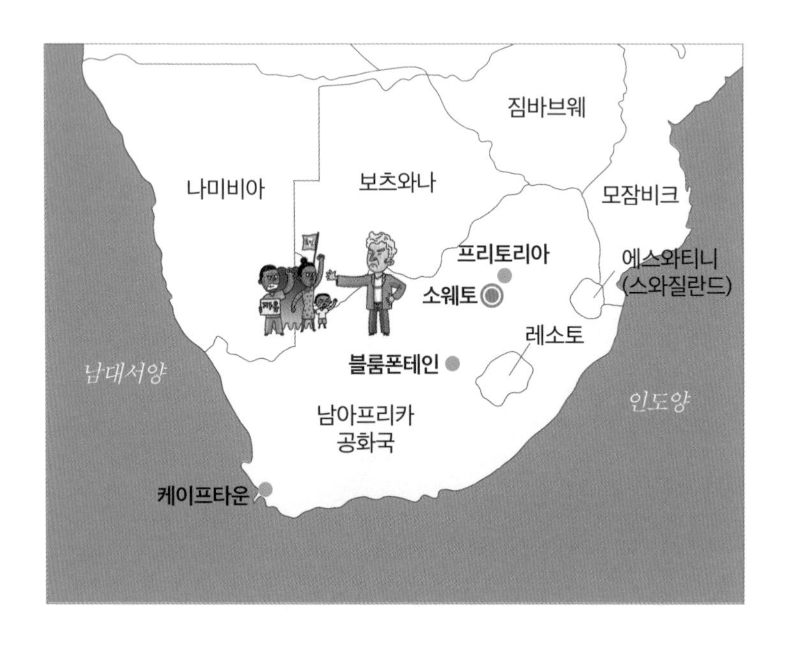

을 '소웨토'라고 불렀는데, 지금은 인구 200만 명 가운데 대부분이 흑인인, 남아프리카공화국에서 가장 큰 도시가 되었다.

소웨토가 세상에 널리 알려지게 된 큰 사건이 하나 있었다. 1976년 백인 정부는 소웨토에서 흑인들이 주로 쓰는 줄루어 대신 백인이 쓰는 아프리칸스어를 사용하라는 교육 정책을 발표했다. 이는 그동안 진행된 아파르트헤이트(인종 분리 정책)에 따른 것이었다. 언어는 사람의 정신이고 문화인데, 자신들의 정체성을 말살하려는 백인들에게 분노한 흑인들이 들불처럼 일어나 거리로 뛰쳐나갔다. 이 사건을 '소웨토 항쟁'이라고 한다. 이에 백인 정부가 군대를 동원해 시위대에게 무차별 총격을 가했다. 그 과정에서 수백 명이 목숨을 잃고 수천 명이 다쳤다. 실패한 듯 보였던 소웨토 항쟁은 사진과 방송 전파를 타고 전 세계에 알려졌다. 그 후 많은 나라가 남아프리카공화국의 아파르트헤이트를 공개적으로 비난하기 시작했다.

아파르트헤이트는 남아프리카공화국의 백인 정부가 1948년에 백인과 흑인을 분리하는 법을 만든 것에서 시작한다. 서로 다른 인종끼리는 결혼할 수 없고, 육교를 건널 때도 흑인은 지정된 통로를 써야 하며, 해변에서도 흑인 구간이 따로 있었다. 백인이 타는 버스에는 흑인이 탈 수 없었는데, 만약 이를 어기면 그 흑인은 백인 승객들의 눈총을 받다가 백인 경찰에게 끌려 나갔다. 기차역 승강장도 따로 썼기 때문에 흑인 승강장은 출근 시간 때면 꼼짝할 수 없을 만큼 혼잡했다. 이런 인종 분리 정책은 학교, 수영장, 놀이터 할 것 없이 어디서나 적용되었다.

현재 요하네스버그 전체 인구 가운데 절반가량이 소웨토에 산다. 소웨토에는 20여 개의 작은 흑인 집단 거주 지역이 있는데, 잘사는 주택가부터 판자촌까지 다양하다. 하지만 여전히 대다수 마을은 가난하다. 마을에 가 보면 좁고 구불구불한 길을 따라 낡고 허름한 판잣집들이 이어지고, 길에서는 물통을 들고 가는 어린이들을 쉽게 만날 수 있다. 전기와 상수도 시설이 갖추어지지 않아서 핸드폰은 동네 충전소에서 충전하고, 물은 마을 공동 수도를 이용한다.

헥터 피터슨 박물관 앞

소웨토에 간다면 꼭 들러야 하는 곳이 있다. 헥터 피터슨 박물관이다. 소웨토에서 아파르트헤이트 반대 운동이 일어났을 때 열세 살 소년 헥터 피터슨이 군인이 쏜 총에 맞아 목숨을 잃었다. 그는 소웨토 항쟁의 첫 희생자였다. 그의 죽음은 소웨토 항쟁의 불씨가 되었다. 그리고 이 박물관 건너편에는 노벨평화상 수상자 넬슨 만델라의 집이 있다. 아파르트헤이트 반대 운동을 이끌다 27년 동안 감옥에 갇혀 있으면서도 흑인 해방의 꿈을 간직했던 만델라. 그의 꿈은 20세기를 얼마 앞두고 이루어졌다. 1994년 흑인들이 참여한 선거에서 대통령으로 선출된 만델라는 아파르트헤이트를 폐지했고, 자신을 감옥에 가두었던 백인들에게 어떤 복수도 하지 않았다. 미움과 증오를 넘어선 그의 큰 걸음에 전 세계가 고개를 숙였다.

넬슨 만델라는 대통령 취임식에서 이렇게 말한다.

"다시는 결코, 결코, 결코 이 아름다운 땅이 타인에 의해 억압당하거나 세계의 스컹크가 되는 모욕을 당하게 해서는 안 될 것이다. 이 땅에 자유가 지배하게 하여라!"

퀘벡

"나는 기억한다, 우리가 퀘벡인임을"

퀘벡(Quebec)은 캐나다 속 프랑스로 불리는 도시다. 퀘벡 주민 가운데 프랑스 출신들이 많다. 이들은 프랑스에서처럼 프랑스어를 쓰며, 가톨릭을 믿고, 결혼해서 남편 성을 따르지 않는다.

캐나다는 영국계 캐나다인들이 세운 나라지만, 영국인들보다 먼저 1543년에 프랑스인들이 지금의 퀘벡 지역에 식민지를 세웠다. 하지만 1760년에 뒤늦게 들어온 영국인들과 캐나다 땅을 놓고 벌인 전쟁에서 졌다. 영국은 프랑스계 퀘벡 주민들의 프랑스식 생활을 인정했다. 하지만 갈등은 사그라들지 않았다. 한참 세월이 흐른 뒤인 1914년에 제1차 세계대전이 일어났을 때, 퀘벡의 프랑스계 캐나다인들은 캐나다 정부의 징병에 강력하게 반대하며 폭동을 일으키기도 했다.

1960년대에는 퀘벡의 프랑스계 주민들 가운데 일부가 분리 독립을 외치며 거리로 나섰다. 일부 시위대는 경찰에게 폭탄을 던지기도 했다. 하지만 폭력 시위는 독립의 명분을 알리는 데 효과적이지 않았다. 마침내 독립을 원하는 퀘벡 주민들은 정치적 힘이 필요하다고 판단해 1968년에 퀘벡당을 창당했다. 그러자 나라가 쪼개질 위험에 깜짝 놀란 캐나다 연방정부는 공용어법을 만들어 프랑스어의 지위를 영어와 똑같이 높이기로 했다. 그래서 지금도 캐나다 총리는 영어와 프랑스어 둘 다 할 줄 알아야 한다.

1970년대에 이르러 퀘벡 독립운동의 방법이 바뀌었다. 곧바로 독립하기보다는 먼저 자치권을 획득한 후 선거를 거쳐 독립을 이루자는 것이다. 퀘벡당이 다수 의석을 차지하면서 1980년에 역사상 처음으로 퀘벡의 독립 찬반 투표가 실시되었다. 하지만 기쁨은 잠시였다. 투표 결과 독립 반대가 60퍼센트 정도로 나온 것이다. 독립의 꿈은 산산조각 나 버렸다. 프랑스계 캐나다인의 슬픔과 실망은 너무도 컸지만, 그렇다고 독립의 꿈을 놓을 수는 없었다.

1995년에 퀘벡당이 다시 다수당이 되면서 분리 독립에 대해 찬반 투표를 실시했다. 그런데 이번에도 독립 반대가 50.58퍼센트로 나왔다. 독립의 꿈은 또다시 실패로 돌아갔다. 고작 1퍼센트 차이였다. 영국계 퀘벡 주민들과 캐나다 원주민인 인디오들은 변함없이 캐나다 국민으로 살기 원했다. 사실 퀘벡의 분리 독립은 캐나다 국민에게는 큰 문제가 될 수 있었다. 만약 퀘벡이 독립하면 퀘벡 동쪽의 주들이 본토와 떨어지게 된다. 국토가 분리된다는 것은 국가 입장에서는 매우 좋지 않다. 본토와 떨어진 국토는 갈등이 일어나기 쉽고 통제가 어렵기 때문이다.

프랑스계 퀘벡 주민들은 여전히 자신들은 캐나다인이 아니라 퀘벡인이라고 말한다. 지금도 퀘벡의 자동차 번호판에는 "나는 기억한다"라는 프랑스어 문구가 새겨져 있다. 이 말은 영국과의 전쟁에서 프랑스가 진 역사를 기억하겠다는 뜻이기도 하고, 캐나다 땅에 먼저 온 사람들은 영국인이 아닌 프랑스인이라는 사실을 잊

지 않겠다는 뜻이기도 하다.

캐나다의 국기에는 단풍잎이 그려져 있다. 단풍잎 문양은 국민 공모로 정해진 것이다. 그런데 캐나다가 영국령이 되기 전에 단풍잎은 이미 프랑스계 캐나다인을 상징하는 표식이었다. 당시 단풍잎과 함께 쓰인 문장이 있었는데, 그 내용은 이렇다.

"이 단풍나무는 처음엔 어리고 바람에 꺾여 시들 것처럼 보인다. 하지만 곧 보라. 그 가지가 하늘로 뻗어 나가고, 웅장하고 힘차게 폭풍우를 무시하며 승리할 것이다. 단풍나무는 우리 숲의 왕이로다."

겉으로는 평화로워 보이는 캐나다에도 이런 복잡한 역사가 숨어 있다.

노벨상을
주는 도시
스톡홀름
(스웨덴)
펑
펑
펑
NAT.
MDCCC
XXXIII
OB.
MDCCC
XCVI
ALFR
NOBEL
노벨상을
거부하는 도시
남딘
(베트남)
뻥

전쟁과 인류의 복지, 노벨상의 두 얼굴

스톡홀름

'죽음의 상인'이 남긴 마지막 소원

스웨덴의 수도이자, 다이너마이트를 발명한 알프레드 노벨의 고향 스톡홀름(Stockholm)은 통나무(스톡)와 섬(홀름), 즉 '통나무 섬'이라는 뜻이다. 스톡홀름은 꽤 고위도에 위치하지만, 북대서양 난류의 영향으로 온대 기후를 나타낸다. 그래서 도시 곳곳에 숲이 많고, 빙하가 녹아서 생긴 호수도 많다. 스톡홀름은 14개의 섬을 57개의 다리로 연결해 만든 도시다. 호수에 떠 있는 배와 고풍스러운 건물들 때문에 '북유럽의 베네치아'로 불린다.

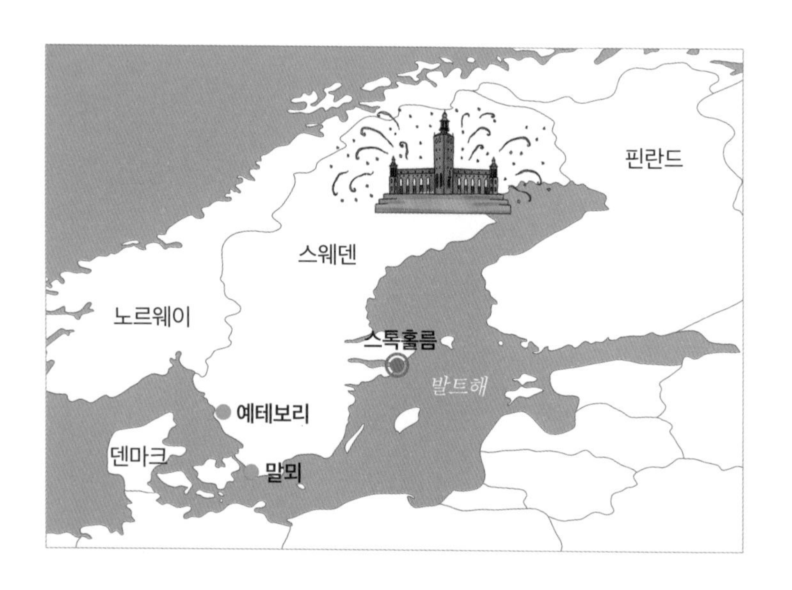

오늘날 노벨평화상을 제외한 나머지 노벨상은 스톡홀름 시청에서 시상한다. 그래서 스톡홀름 최고의 랜드마크는 시청 건물이다. 노벨상 시상식이 개최되는 곳이 블루홀인데, 명칭은 블루홀이지만 색채는 중후한 붉은빛과 금빛이다. 하늘을 본떠 푸른색 페인트를 칠하고 싶었지만 붉은색과의 조화 때문에 천장에 하늘을 들여놓을 수 있는 창을 냈다고 한다.

1833년에 태어난 노벨은 스톡홀름에서 일곱 살 때까지 살고 그 이후에는 독일, 스코틀랜드, 미국, 프랑스, 이탈리아 등을 떠돌았다. 그래서 《레미제라블》을 쓴 프랑스의 작가 빅토르 위고는 노벨을 가리켜 '백만 달러를 가진 방랑자'라고 불렀다.

노벨은 어린 시절부터 폭약에 관심이 많았다. 하루는 깡통에 흑

스톡홀름 시청

색 화약을 꽉꽉 채워 넣고 큰 폭발을 일으키는 바람에 온 동네를 화들짝 놀라게 했다. 그도 크게 다쳐서 한동안 움직이지 못했다. 노벨은 미국으로 건너가 대학에서 기계공학과 화학을 공부한 후 스웨덴으로 돌아와 폭약을 만드는 아버지를 도왔다. 아들보다는 덜 유명하지만, 노벨의 아버지인 임마누엘 노벨도 발명가로서 크림전쟁 당시 기뢰와 지뢰를 개발해 러시아군에 납품한 인물이다.

노벨은 니트로글리세린을 이용해 더 강력한 폭약을 만들려 했지만 액체인 니트로글리세린은 쉽게 폭발해 버렸다. 실제로 폭발 사고가 일어나 노벨의 동생과 조수 네 명이 그만 목숨을 잃었다. 하지만 노벨은 포기하지 않았다. 연구 끝에 니트로글리세린이 규조토라는 흙에 스며들면 터지지 않고 굳는다는 사실을 발견했다. 마침내 안전성을 확보한, 단단한 폭약을 만드는 데 성공했다. 이렇게 탄생한 물건이 다이너마이트다.

당시 유럽과 미국에서 산업화가 빠르게 진행되는 과정에서 도로와 철도 건설, 광산 개발 등 여러 분야에서 다이너마이트가 필요했다. 이 덕분에 노벨은 재산이 우리 돈으로 약 3천억 원에 이르는 큰 부자가 되었다. 그리고 노벨은 자신이 무시무시한 무기를 만들었으니 이제 다들 전쟁을 벌일 엄두를 못 내고 사이좋게 지낼 거라며 안심했다고 한다.

1888년 프랑스의 한 기자가 "지옥의 상인이 죽다"라는 제목의 기사를 내보냈다. 노벨의 형이 죽은 것을 노벨로 착각하는 바람에 오보를 낸 것이었다. 이때 노벨은 자신이 죽고 난 뒤 세상이 자신을 어떻게 평가할지 두려워졌다. 결혼하지 않고 평생 혼자 살았던 노벨은 1895년 전 재산을 스웨덴 과학아카데미에 기부한다는 유언장을 남긴다. 유언의 내용은 인류에게 큰 공헌을 한 사람이나 단체에게 해마다 상을 주라는 것이었다. 유언을 남긴 이듬해에 노벨은 이탈리아에서 세상을 떠났다.

모두가 안전하고 행복한 삶을 사는 세상, 이것이 한때 '죽음의 상인'으로 불린 노벨의 마지막 소원이 아니었을까?

남딘

노벨상은 됐고, 쌀국수나 한 그릇 주세요

모두가 그토록 받고 싶어 하는 노벨상을 안 받겠다고 거부한 사람이 있다. 그는 바로 베트남의 작은 도시 남딘(Nam Đinh)의 레둑토다. 남딘은 베트남 북부의 홍강 삼각주에 있는 도시다. 너비가 약 150킬로미터에 이르는 홍강 삼각주는 강과 바다가 만나는 곳에 만들어진 충적 평야다. 충적 평야는 강에 휩쓸려 온 모래나 진흙이 쌓여서 만들어진 퇴적 평야로 토질이 비옥한 것이 특징이다. 그래서 벼농사가 잘 되고 주변에 큰 도시가 형성된다.

남딘은 레둑토 덕분에 노벨상보다 더 큰 명예를 얻었다. 레둑

토는 미국의 국무장관 헨리 키신저와 함께 베트남전쟁의 휴전 조약을 이루어 낸 공로로 노벨평화상 수상자로 지명되었다. 하지만 그는 아직 조국에 평화가 오지 않았다며 노벨상 수상을 거부했다.

베트남전쟁(1955~1975년)은 북베트남과 남베트남 사이에서 일어난 전쟁이다. 당시 소련은 북베트남을 돕고, 미국은 남베트남을 도와 직접 전쟁에 개입했다. 하지만 전쟁이 길어지자 미국에서 반전 여론이 들끓었다. 미국인들은 자기 가족과 이웃, 그리고 나라의 젊은이들이 전쟁터에서 죽는 것을 보며 분노했다. 결국 미군은 아

무런 성과 없이 베트남에서 철수했고, 북베트남이 전쟁에서 승리했다.

레둑토(왼쪽)와 키신저

레둑토는 베트남이 프랑스 식민지일 때부터 독립을 위해 싸웠다. 그러다 프랑스 당국에 체포되어 감옥 생활을 하기도 했다. 이후 그는 베트남의 유력한 정치인으로 성장했다.

미국을 물리친 베트남인들에게 레둑토와 관련된 이야기 한 토막이 있다. 1972년 프랑스 파리에서 미국 대표 키신저와 북베트남 대표 레둑토 사이에 여섯 시간이 넘는 긴 휴전 협상이 진행되었다. 휴식 시간에 키신저가 레둑토에게 무엇 때문에 미국이 패배했는지 물었다. 그는 이렇게 대답했다. "미국은 모든 면에서 베트남보다 앞서가는 강자다. 그러나 미국은 세계 여러 문제에 관여하느라 지성이 낭비되지만, 베트남은 하루 24시간 동안 어떻게 하면 우리가 미국인들을 패배시킬 수 있는가만 생각한다." 이 말에 키신저가 고개를 끄덕였다고 한다.

훗날 키신저는 자신의 회고록에서 레둑토가 때로는 강하게, 때로는 교묘하게 협상을 3년여간 질질 끌었고, 미국 언론에 모호한

말을 흘려 협상이 늦어지는 책임을 미국에 떠넘겼다고 썼다. 이 말은 곧 레둑토가 베트남의 훌륭한 협상 전략가였다는 말이다.

남딘은 덥고 비가 많은 기후와 비옥한 토지 덕분에 쌀국수가 탄생한 도시다. 이곳에서 '퍼'로 불리는 쌀국수는 약 100년 전 남딘의 공장 지대에서 노동자들이 일을 마치고 즐겨 먹던 음식이었다. 북베트남이 공산화될 때 남쪽으로 피난 온 사람들이 쌀국수를 남부 지역에 퍼뜨렸다. 오늘날 쌀국수는 세계인이 즐기는 음식이 되었다.

쌀국수가 세계적으로 알려진 데는 베트남전쟁이 한몫했다. 전쟁이 끝난 후 베트남 전체가 공산화되면서 수십만 명의 사람들이 해외로 망명했다. 그들은 새로 터를 잡은 나라에서도 여전히 쌀국수를 즐겨 먹었고, 쌀국수 식당을 열어 장사를 했다. 남딘은 작은 도시지만 세계적인 음식의 고향이자 노벨상을 거부한 자존심 강한 도시다.

갈등의 도시
니스
(프랑스)
NO
POLICE
화합의 도시
햄트램크
(미국)

이슬람을 둘러싼 세계

니스
아름다운 해변에 감춰진 갈등의 불씨

프랑스 남부의 니스(Nice)는 아름다운 언덕을 등지고서 바다를 바라보고 있다. 풍경만큼 날씨도 좋아서 여름은 쾌적하고 겨울은 온난하다. 도시 이름 니스는 그리스 신화에 나오는 승리의 여신 '니케'에서 비롯했다고 한다. 니스의 옛 시가지에 들어서면 마치 타임머신을 타고 17세기에 온 듯한 착각이 든다. 집과 교회 건물에서는 예스러운 분위기가 나고, 분수는 더위를 즐기듯 물을 뿜는다. 이런 풍경을 보고 있노라면 골목에서 옛날 옷을 입은 사람이 불쑥 튀어나올 것만 같다. 니스는 이렇게만 보면 조용한 도시 같지만 여

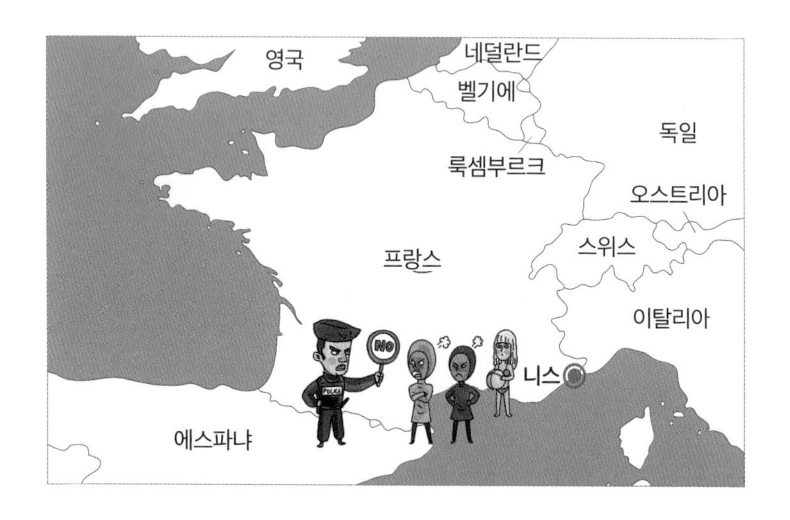

행자를 흥분시키는 즐길 거리가 있다. 바로 카니발이다.

1873년부터 시작된 니스 카니발은 지금도 2월이면 100만 명 이상의 관광객이 몰린다. 브라질의 리우 카니발이나 이탈리아의 베네치아 카니발의 인기에 조금도 뒤지지 않는다. 카니발은 크리스트교에서 금욕과 절제의 기간인 사순절을 앞두고 열리는 축제다. 사순절에는 예수가 광야에서 40일 동안 악마와 싸우며 금식한 것을 기리면서 똑같이 40일 동안 몸과 마음을 깨끗이 해야 한다. 모든 음식을 끊지는 못하지만 소고기나 돼지고기, 생선 정도는 먹지 않아야 한다. 그래서 사람들은 그 전에 실컷 먹고 즐기는 행사를 벌였다. 이것이 개신교를 믿는 북서유럽에서는 크리스마스가 되었고, 가톨릭교를 믿는 남부 유럽에서는 카니발이 되었다.

니스 카니발의 하이라이트는 꽃마차 퍼레이드다. 마차에서 공연자들이 관객들에게 꽃을 던져 주며 축제 분위기를 돋군다. 이를 '꽃 전투'라고 하는데, 이때 쓸 꽃을 마련하기 위해 니스와 주변 지역에서 대량으로 꽃을 재배한다.

니스는 자랑할 게 참 많은 도시지만 무엇보다도 니스의 해변은 그중에도 첫손에 꼽힌다. 특히 영국, 프랑스 북부, 네덜란드, 독일, 스웨덴, 노르웨이 등 겨울이 서늘한 북서유럽 사람들은 지중해의 도시 니스의 해변을 찾아 먼 길을 마다하지 않는다.

그런데 몇 해 전 니스 해변에서 무슬림 여성을 위한 수영복인 부르키니 착용을 금지해 세계적인 뉴스가 되었다. 부르키니는 무슬림 여성들이 전신을 가릴 때 입는 '부르카'와 '비키니'의 합성어다. 톨레랑스(관용)의 나라, 자유의 나라로 알려진 프랑스에서 이런 일이 있었다는 게 실망스럽기도 하지만, 이 사건 후 프랑스는 수영장 같은 공공장소에서 부르키니를 입을 수 없다는 법까지 만들었다. 이런 분위기는 주변 국가로도 옮겨가 오스트리아도 거리에서 부르카를 입을 수 없다는 법을 만들었다.

2020년 니스에서 이슬람과의 갈등이 폭발한 사건이 일어났다. 이슬람 극단주의 추종자들이 니스의 노트르담 대성당에서 테러를 저질러 세 명이 목숨을 잃은 것이다. 프랑스의 어느 중학교 교사가 무함마드(마호메트)를 풍자한 만화를 수업 시간에 보여 준 것에 대한 연이은 보복이었다. 이슬람교에서는 무함마드를 그리거나 또는 다른 방식으로 묘사하는 것을 절대 금지하기 때문이다.

TRIBUNE
J.JAURÈS
BFM TV.
bleu
3 provence alpes
100% FRESH FOOD
NATURAL FOOD

BFM
TV

프랑스에서 이슬람과의 갈등은 지금도 여전히 진행형이다. 니스 해변의 아름다운 풍경 한쪽에는 관용과 자유가 증오와 폭력으로 변해 가는 모습이 있다.

햄트램크
7층 케이크 같은 다채로운 다민족 도시

미국 미시간주에는 작지만 꼭 알려져야 할 도시 햄트램크(Hamtramck)가 있다. 햄트램크는 미국 자동차 산업의 중심지로서, 초기에는 주로 독일인이 살았다. 그 후 일자리를 찾아 폴란드 사람들이 모여들었고, 1970년대에 이르면 도시 인구의 90퍼센트가 폴란드 출신으로 채워졌다. 그랬기 때문에 사람들은 햄트램크를 '작은 바르샤바'라고 불렀다.

미국의 자동차 산업이 불경기를 맞으면서 햄트램크의 경제도 어려워졌다. 부유한 폴란드계 미국인들이 다른 지역으로 빠져나가자 햄트램크는 미시간주에서 가장 가난한 도시가 되었다. 하지만 그만큼 집값이 싸고 생활비가 적게 들었기 때문에 가난한 사람들이 모여들었다. 그들은 주로 아랍과 아시아에서 온 무슬림들이었고, 특히 예멘과 방글라데시에서 온 이민자들이 많았다. 오늘날 햄트램크의 주민 가운데 절반 이상은 무슬림이다.

햄트램크는 이런 복잡한 역사를 지니고 있다. 도심을 걷다 보면 마치 세계지리 책을 보는 듯하다. 폴란드 소시지 가게, 동유럽 빵집, 예멘의 잡화점, 벵골의 옷감 가게가 줄지어 있고, 미니스커트를 입은 여성과 부르카를 입은 여성을 한 거리에서 볼 수 있다. 가톨릭 성당의 종소리와 개신교 교회의 종소리, 무슬림의 기도 시간을 알리는 방송이 함께 울려 퍼진다. 그래서 햄트램크의 별명은 "2제곱마일의 세계"이며, 여기서 쓰이는 언어만 해도 30가지에 이른다.

2021년 햄트램크에서 세계가 깜짝 놀랄 만한 일이 일어났다. 시장과 시의원에 모두 무슬림이 당선된 것이다. 이 사건으로 햄트램크는 미국 최초로 무슬림계 미국인들이 도시 행정을 책임지는 곳이 되었다. 처음 햄트램크에 정착한 무슬림들은 차별을 겪었지만 마침내 도시의 주인공이 된 것이다.

햄트램크 역사박물관의 벽화들

햄트램크는 이민자들이 각자 자신들의 정체성을 지켜 온 도시다. 비유하자면 여러 문화가 뒤섞여 범벅이 된 샐러드 그릇이 아니라, 제각기 맛과 색을 그대로 지닌 7층 케이크와 같다. 이슬람에 대한 차별과 혐오가 여전히 무슬림들을 괴롭히는 미국에서 햄트램크의 모습은 매우 뜻 깊고 아름답다.

붉은 도시
볼로냐
(이탈리아)
조 합
파란 도시
셰프샤우엔
(모로코)

도시에도 색깔이 있다면?

볼로냐
세계가 부러워하는 좌파의 도시

이탈리아 북부 내륙에 위치한 볼로냐(Bologna)는 세계에서 가장 오래된 대학인 볼로냐 대학이 있고, 미트소스 파스타가 유명하다. 그런데 볼로냐를 '붉은 도시'로 기억하는 사람이 많다. 이 도시는 지붕과 골목, 벽과 거리가 햇빛을 머금은 듯한 붉은 파스텔 톤이다. 이는 보는 이에 따라 고급스럽기도 하고, 낡아 보이기도 하고, 아름답기도 하다. 그런데 이 도시의 붉은색에는 숨은 의미가 있다. 볼로냐는 독재자 무솔리니에게 강렬하게 저항한 도시로, 지금도 시청 벽에는 당시 싸우다 죽임을 당한 시민들의 사진과 이름이 남

아 있다. 볼로냐에 붉은 도시라는 별명이 붙은 까닭은 이러한 저항 정신 때문이다.

볼로냐의 건물 벽에는 지금도 도발적인 그라피티가 많다. 내용을 보면 전쟁 반대, 공산당 홍보, 이스라엘에 저항하는 팔레스타인을 지지하는 표현이 흔하다. 그래서일까? 볼로냐의 도심을 남북으로 지나는 도로 이름이 '독립의 길'이며, 난민을 거부하고 쫓아내자는 극우 세력에 맞서 수만 명의 시민들이 광장에 모여 시위를 벌인다.

볼로냐에는 사람이 일하는 곳이면 어디든 협동조합(coop)이 조직되어 있다. 그래서 이곳 사람들은 "시장에 간다"는 말 대신 "콥에 간다"고 말한다.

볼로냐에서는 제2차 세계대전 이후 우파 정당에서 시장이나 국회의원이 당선된 적이 없다. 볼로냐 사람들은 소득이 이탈리아 평균의 두 배일 정도로 잘살지만 항상 좌파 정당을 지지해 왔다. 어느 나라나 부자들은 대개 보수 우파 정당을 지지하는데, 볼로냐가 좌파를 이렇게 강하게 지지하는 이유는 무엇일까? 답은 볼로냐가 잘살게 된 비결, 곧 '협동조합'이라는 사회적 시스템에서 찾을 수 있다. 협동조합은 성장보다 분배를 중요하게 여기는 좌파의 가치를 담고 있다. 협동조합 덕분에 볼로냐는 실업률도 3퍼센트 안팎으로 낮으며, 2008년 세계 경제위기 때도 별다른 피해가 없었다.

볼로냐에는 농업, 택시, 식당, 유치원 등 사람이 일하는 곳이면 어디라도 협동조합이 조직되어 있다. 도시 내에 협동조합이 400

개가 넘으며 도시 전체 경제를 좌우할 만큼 영향력이 크다. 이곳 사람들은 "시장에 간다"는 말 대신 "콥(coop)에 간다"고 하는데, '콥'은 협동조합을 뜻하는 '코페라테'를 줄인 말이다.

최초의 협동조합은 1968년에 감자와 양파 농사를 짓던 농민 40명이 만들었다. 그들은 수확 때가 되면 가격이 갑자기 떨어지거나 중간 상인이 헐값에 농산물을 쓸어 가는 일이 없어지고 언제나 적절한 가격으로 농산물을 판매할 수 있기를 바랐다. 그래서 돈을 모아 창고를 짓고, 가공 기계를 구입해 직접 농산물을 처리하고 포장까지 해서 매장에 공급했다. 이렇게 하자 농민도 소비자도 모두 이익이 되는 거래가 이루어졌다.

농민들이 협동조합을 만들자 소비자들도 협동조합을 만들어 시장 거래에 참여했다. 우리나라 협동조합 매장에서는 주로 농산물을 팔지만, 볼로냐의 협동조합은 온갖 것을 다 파는 대형 마트다. 그뿐만 아니라 협동조합에서 자체적으로 상품을 만들어 콥 콜라, 콥 세제 등 '콥' 마크를 붙여 판매한다. 덩치가 커진 협동조합 가운데 기업을 설립하는 경우도 있다. 대표적인 예가 낙농 기업인 그라나롤로인데, 이 회사는 이탈리아에서 우유 시장 점유율 1위다.

시민들은 협동조합을 통해 경쟁보다 협력을, 개인의 이익보다 사회의 공익을 중요하게 여기는 법을 배운다. 빨간 좌파의 도시 볼로냐는 이탈리아를 넘어 세계가 본받아야 할 미래 지역 공동체의 모습을 보여 준다.

셰프샤우엔

"고개를 들어 저 하늘을 보라"

셰프샤우엔(Chefchaouen)은 에스파냐를 마주 보는 아프리카 북부 모로코의 도시인데, 해발고도 660미터 산등성이에 앉아 있다. 셰프샤우엔은 '뿔(샤우엔)을 보라(셰프)'는 뜻이다. '뿔'이란 도시에서 올려다보이는 두 개의 높은 산봉우리를 말한다. 이 도시의 가장 큰 특징은 하늘을 상징하는 파란색으로 온 도시를 물들였다는 것이다.

500년 전 에스파냐의 남부 지방인 안달루시아 지역에 살던 무슬림들이 크리스트교의 박해를 피해 지금의 셰프샤우엔으로 이주해 왔다. 이주민들은 고향을 그리워하는 마음을 셰프샤우엔에 그대로 옮기기 시작했는데, 유럽에서처럼 하얀 집에 아담하고 작은 발코니를 만들고, 주황색으로 단아하게 지붕을 덮었다. 그리고 아라베스크 문양이 들어간 창문과 문은 이슬람을 상징하는 초록색으로 칠했고, 예쁜 오렌지 나무를 마을 곳곳에 심었다. 그래서 과거 셰프샤우엔은 하얀 집이 많은 '하얀 도시'로 불렸다.

1930년대에 히틀러가 유럽에 등장하면서 셰프샤우엔에도 변화가 생겼다. 히틀러는 우등한 인간과 열등한 인간이 따로 있다는 인종론을 앞세워 유대인을 학살했다. 목숨을 건지기 위해 도망쳐 나온 유대인들이 지중해를 넘어 이곳까지 숨어들었다. 20세기 초

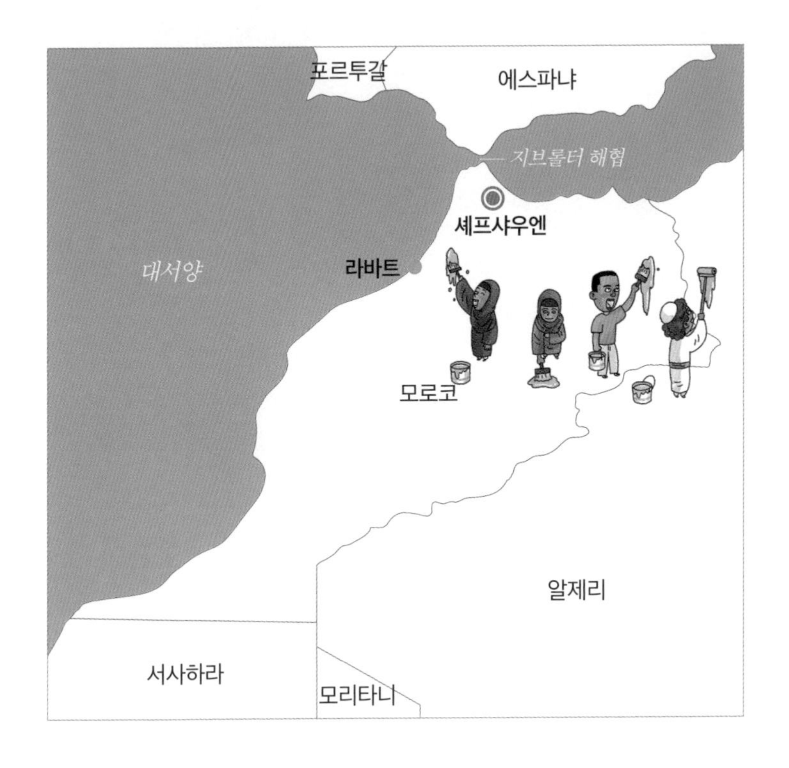

부터 중반까지 모로코는 프랑스의 식민지와 에스파냐의 식민지로 갈라져 있었는데, 셰프샤우엔은 에스파냐의 지배를 받았던 곳으로 유대인에게 비교적 안전한 곳이었다. 그런데 유대인은 파란색을 유난히 좋아했다. 셰프샤우엔에 정착한 유대인들은 고향을 그리며 집과 거리 곳곳을 파란색으로 칠했다. 그러자 셰프샤우엔은 이제 '파란 도시'가 되었다.

1948년에 유대인들이 지금의 팔레스타인 지방에 자신들의 국가 이스라엘을 세웠다. 그러자 셰프샤우엔에 살던 유대인들이 이

스라엘로 이주했고, 그들이 남긴 파란 집에는 다른 사람들이 들어와 살았다. 셰프샤우엔 주민들은 집 색깔을 파란색으로 그대로 두었다. 새로 집을 짓거나 길을 낼 때도 파란색으로 칠했다. 이렇게 하는 이유는 파란 도시라는 셰프샤우엔의 정체성을 지키기 위해서기도 하지만, 파란색이 모기를 쫓고 햇볕을 받아 뜨거워진 건물의 온도를 낮추어 주기 때문이다. 실제로 과거에 파란색 유대인 구역만 유달리 모기가 적고 쾌적했다고 하니, 어느 정도 효과가 입증된 셈이다.

오늘날 셰프샤우엔은 인구 약 4만 명으로 그리 크지 않은 도시지만, 세계 곳곳에서 오는 수십만 명의 여행객으로 활기가 넘친다. 특히 이스라엘에서 오는 여행객이 많다. 바로 파란색이 사람들을 불러들인 것이다.

CEO
초콜릿 덕분에
잘사는 도시
암스테르담
(네덜란드)
초콜릿 때문에
가난한 도시
아비장
(코트디부아르)

초콜릿, 그 달콤쌉싸름한 맛의 **비밀**

아비장

초콜릿은 너무나도 쓰다

서아프리카 코트디부아르의 수도 아비장(Abidjan)은 카카오의 도시다. 초콜릿의 원료인 카카오는 라틴아메리카가 원산지이지만, 많은 사람들이 초콜릿 하면 아프리카를 떠올린다. 카카오가 아프리카로 들어온 것은 19세기 말, 프랑스인들이 식민지 코트디부아르에서 카카오를 처음 재배하면서부터다. 카카오는 일 년 내내 덥고 비가 많은 환경에서 잘 자라는데, 열대우림 기후에 속하는 아비장이 카카오 재배에 알맞은 조건을 갖추고 있었다.

'코트디부아르'라는 나라 이름은 프랑스어로 '상아 해안'이라

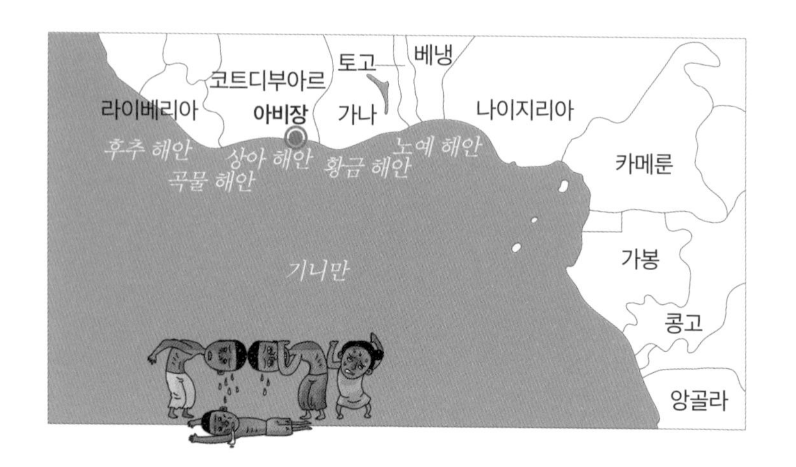

는 뜻이다. 상아 해안은 아프리카 초원에서 사냥한 코끼리의 상아를 수출하던 곳을 말한다. 그리고 그 상아 해안에서 가장 대표적인 항구 도시가 아비장이었다. 당시 상아는 유럽인들이 가장 갖고 싶어 한 물건이었다. 그런데 상아 해안에서 상아만 실려 나간 것이 아니다. 19세기 이후 아프리카 곳곳에서 잡혀 온 흑인들이 유럽과 아메리카의 노예로 팔려 나갔고, 유럽인들이 좋아한 커피와 바나나, 카카오를 실은 배가 항구를 나섰다.

당시 이 지역을 지배했던 프랑스인들은 코트디부아르 북쪽에 있는 지금의 부르키나파소에서 아비장 해안까지 철도를 놓았고, 아비장의 항구를 이용해 돈이 될 수 있는 것은 무엇이든 닥치는 대로 유럽으로 가져갔다. 그러는 동안 아프리카는 가난해졌지만, 아비장은 어촌 마을에서 대도시로 성장했다.

코트디부아르는 전 세계 카카오 생산량의 절반 가까이를 차지

하는 세계 최대 카카오 생산국이다. 카카오는 초콜릿의 원료로 엄청난 부가가치를 가진 자원이지만 정작 아비장의 주민들은 가난하다. 오히려 대규모 카카오 농장을 만드는 과정에서 숲이 무자비하게 파괴되고, 이곳에 사는 동물들도 사라져 갔다. 생산량을 늘리기 위해 화학비료를 지나치게 사용하고, 농장을 확대하기 위해 열대림이 계속 파괴된다.

유럽에서 카카오의 인기가 하늘을 찌를수록 아비장 주민들의 삶은 힘들어졌다. 그들은 쉬지 않고 일해도 수요를 충당하기 힘들었고, 어린아이들까지 강제 노동에 동원되었다. 그런데 슬프게도 100년 전 이야기 같은 이런 일들이 지금도 이어지고 있다. 우리가 사서 먹는 초콜릿 하나가 5천 원이라면 그중 아비장의 카카오 농장 농민들의 몫은 얼마가 되어야 적당할까? 최소한 절반은 되어야 할 것 같다. 하지만 그들에게는 고작 20원 정도가 돌아간다. 나머지 돈은 프랑스인 농장주부터 카카오 유통 회사, 카카오 가공 업체, 초콜릿 생산 기업, 초콜릿 상점 주인이 가져간다.

아비장은 도시의 황금기(1980~1990년)에는 '아프리카의 작은 파리', '서아프리카의 맨해튼'으로 불렸다. 지금도 코트디부아르의 경제 수도다. 하지만 도심을 벗어나 외곽 지역의 산허리로 오르면 허름한 판자촌이 펼쳐진다. 판자촌에는 아비장 사람들만 사는 게 아니라 부르키나파소, 말리 등 이웃 국가에서 일자리를 찾아 몰려든 가난한 노동자들도 있다. 예쁘고 달콤한 초콜릿에 카카오 재배

농민의 고통이 숨어 있듯, 아비장도 보이는 얼굴과 감추어진 얼굴을 함께 가진 도시다.

암스테르담
초콜릿은 너무나도 달콤하다

아비장의 농민과 달리 네덜란드 암스테르담(Amsterdam)의 사업가들은 카카오로 큰 이익을 챙긴다. 암스테르담은 전 세계에서 카카오를 가장 많이 수입한다. 해마다 전 세계 카카오의 30퍼센트, 약 3조 원어치를 수입한다. 그리고 그중 25퍼센트는 다시 다른 나라로 수출한다. 들여오는 카카오의 절반이 코트디부아르산이고 나머지는 가나, 카메룬에서 온 것이다. 카카오는 파우더, 버터 등으로 가공되어 암스테르담 항구를 통해 세계로 수출된다.

암스테르담이 세계 최대의 카카오 수입 도시가 된 까닭은 무엇일까? 콜럼버스가 아메리카 대륙에서 가져온 카카오가 유럽에서 부의 상징이 되자, 17세기 암스테르담에 카카오 시장이 형성되었다. 그러자 카카오를 둘러싼 여러 산업이 발달했다. 카카오 가공업과 사업 자금 조달을 위한 은행, 카카오 무역 과정에서 발생하는 손해를 다루는 손해보험회사 등이 설립되었다.

당시 암스테르담은 세계에서 가장 큰돈을 벌 수 있는 곳이었

다. 많은 사람이 암스테르담에서 사업을 하기 위해, 일자리를 찾기 위해 모여들었다. 지금도 암스테르담에 가 보면 운하 옆으로 뾰족한 박공지붕 집들이 다닥다닥 붙어 있는데, 무려 17세기부터 지어진 집들이다. 그때는 집 앞 폭에 따라 세금을 매겼기 때문에 집을 좁게 지었다. 이를 뒤집어 생각해 보면, 당시 암스테르담은 집 앞 폭에 따라 세금을 매길 정도로 많은 사람이 모여 있는 도시였던 것이다. 아마 서울의 강남처럼 집값이나 땅값이 비쌌을 것이다.

오늘날에는 암스테르담 외곽에 현대적이고 넓은 아파트가 많지만, 인구밀도가 높은 도심에서는 여전히 넓은 집을 구경하기 힘들다. 상황이 이렇다 보니 암스테르담에는 배를 집으로 개조해 사는 사람도 많다. 이제는 도시의 명물이 된 '하우스 보트'가 1만

2,000채를 넘는다.

암스테르담은 초콜릿의 탄생지이기도 하다. 19세기 초 네덜란드의 반 후텐이 볶은 카카오에서 코코아 가루와 코코아 버터를 분리하는 데 성공했다. 이것은 초콜릿의 역사에서 가장 큰 사건이다. 이 공정 덕분에 마시던 코코아 음료가 딱딱한 초콜릿으로 변신해 전 세계인이 사랑하는 과자가 되었다.

최근 암스테르담에서 초콜릿을 둘러싼 변화가 나타나고 있다. 바로 '지속 가능한 초콜릿'을 생산하는 데 앞장서야 한다는 주장이다. 지속 가능한 초콜릿이란, 자연 파괴를 최소화하고 생산지 원주민에게 적정한 대가를 지불해 생산한 초콜릿을 말한다. 지금도 카카오 가공품 수출은 네덜란드가 세계 1위다. 만약 네덜란드에서 카카오 산업이 '지속 가능'하게 변화한다면 세계 초콜릿 산업에도 큰 영향을 미칠 것이다.

사진 출처 shutterstock: 18-19, 24, 30-31, 33, 39, 44-45, 52-53, 54, 56, 61, 66, 73, 75, 76, 83, 86, 93, 98, 105, 108-109, 116, 120, 125, 129, 130, 135, 137, 140, 146-147, 150, 151, 157, 162-163, 168-169, 173, 182, 186, 190-191, 198, 203, 207, 214-215, 223, 224, 228, 233, 236-237쪽

도시 대 도시! 맞짱 세계지리 수업

지리 쌤과 함께 떠나는 별별 도시 여행

초판 1쇄 발행 2024년 1월 5일
초판 2쇄 발행 2024년 8월 20일

지은이 | 조지욱
그린이 | 송진욱
펴낸곳 | (주)태학사
등록 | 제406-2020-000008호
주소 | 경기도 파주시 광인사길 217
전화 | 031-955-7580
전송 | 031-955-0910
전자우편 | thspub@daum.net
홈페이지 | www.thaehaksa.com

편집 | 김선정 조윤형 여미숙 김태훈
마케팅 | 김일신
경영지원 | 김영지

값 16,800원
ISBN 979-11-6810-243-9 43980

"주니어태학"은 (주)태학사의 청소년 전문 브랜드입니다.

책임편집 | 김선정 강변구
디자인 | 캠프